嵌入式人工智能开发丛书

人工智能嵌入式系统开发实战

顾 锞 陈雯柏 陈启丽 史豪斌 钱程东 ◎ 主 编
王全海 郭 楠 刘 佳 马 航 ◎ 副主编

電子工業出版社
Publishing House of Electronics Industry
北京•BEIJING

内 容 简 介

本书基于国产飞腾芯片的嵌入式开发平台，对嵌入式开发、系统软硬件接口的应用与人工智能综合项目实践进行介绍，并对实战开发进行指导。

本书内容涵盖软硬件，注重实践，主要内容包含绪论、飞腾芯片型号及技术参数、开发板硬件结构及接口、搭建开发环境、程序设计及在线开发、基础应用设计实例、音/视频的播放与处理、图像处理及相关的设计实例、人工智能推理及项目设计、火焰及烟雾检测项目、垃圾分类项目。

本书可作为普通高等学校人工智能、机器人工程、智能科学与技术、计算机科学与技术、软件工程、集成电路与工程、自动化及其他电子信息领域相关专业的嵌入式系统课程教材，也可作为从事嵌入式系统开发的工程技术人员的参考书。

图书在版编目（CIP）数据

人工智能嵌入式系统开发实战 / 顾锞等主编. —北京：电子工业出版社，2023.8

（嵌入式人工智能开发丛书）

ISBN 978-7-121-46024-1

Ⅰ. ①人… Ⅱ. ①顾… Ⅲ. ①微处理器－系统开发 Ⅳ. ①TP332

中国国家版本馆 CIP 数据核字（2023）第 137489 号

责任编辑：牛平月
印　　刷：北京七彩京通数码快印有限公司
装　　订：北京七彩京通数码快印有限公司
出版发行：电子工业出版社
　　　　　北京市海淀区万寿路 173 信箱　　邮编：100036
开　　本：787×1092　1/16　印张：13.5　字数：295 千字
版　　次：2023 年 8 月第 1 版
印　　次：2024 年 12 月第 2 次印刷
定　　价：79.00 元

凡所购买电子工业出版社图书有缺损问题，请向购买书店调换。若书店售缺，请与本社发行部联系，联系及邮购电话：（010）88254888，88258888。

质量投诉请发邮件至 zlts@phei.com.cn，盗版侵权举报请发邮件至 dbqq@phei.com.cn。

本书咨询联系方式：niupy@phei.com.cn。

人工智能、大数据、云计算、物联网等新一代信息技术的发展，正在加速推进全球产业分工的深化和经济结构的调整，同时重塑全球经济竞争格局。人工智能已成为当代交叉学科的创新前沿，特别需要加强原创性、引领性科技攻关，加快推进高端芯片、操作系统、人工智能算法等关键领域的研发突破和迭代应用，建立以创新创业为导向的人才培养模式。

本书基于人工智能、机器人工程、智能科学与技术、计算机科学与技术、软件工程、集成电路与工程、自动化及其他电子信息领域相关专业的知识结构及人工智能技术落地实践的需要，依托飞腾嵌入式开发板强大的智能算法开发能力，融合嵌入式开发板的基础应用及人工智能应用，着眼于人工智能嵌入式系统开发实战指导。本书主要内容包含绪论、飞腾芯片型号及技术参数、开发板硬件结构及接口、搭建开发环境、程序设计及在线开发、基础应用设计实例、音/视频的播放与处理、图像处理及相关的设计实例、人工智能推理及项目设计、火焰及烟雾检测项目、垃圾分类项目。本书实践性及可操作性较强，可作为普通高等学校人工智能、机器人工程、智能科学与技术、计算机科学与技术、软件工程、集成电路与工程、自动化及其他电子信息领域相关专业的嵌入式系统课程教材，也可作为从事嵌入式系统开发的工程技术人员的参考书。

感谢北京市高等教育本科教学改革项目“人工智能领域相关专业创新创业社会实践系列课程建设”、飞腾信息技术有限公司与教育部产学合作协同育人项目、北京市社会科学基金研究基地重点项目（19JDJYA001）“整合·开放·创新：新工科背景下工程教育模式研究”、教育部人文社科项目“人工智能领域工程技术人才培养的创新创业教育模式研究”，以及北京信息科技大学“勤信学者”培育计划（QXTCPA202102）的资助。

由于编者水平有限，书中难免有不足之处，恳请各位读者批评指正。

编　者

2023.2.16

目录

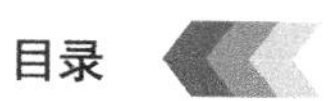

第 1 章

绪论

对于现代社会来说，芯片是非常重要的。在日常生活中芯片几乎随处可见，我们常用的手机、计算机、车载电子设备、机顶盒等设备中都有芯片，它已经成为计算机技术和计算机应用领域的一个重要组成部分，是信息社会的基石。本章将从芯片简介、芯片架构简介两方面对芯片进行简要介绍。

1.1 芯片简介

芯片（Chip）是半导体元器件产品的统称，是集成电路（Integrated Circuit，IC）的载体。芯片制作的完整过程包括芯片设计、晶圆制作、封装制作、产品测试等环节。

集成电路是从 20 世纪 30 年代开始研究的，William Bradford Shockley 认为元素周期表中的元素半导体材料是最适合制作固态真空管的原料。随着晶体管被发明并大量生产，各式固态半导体组件（如二极管、晶体管等）被大量使用，逐渐取代了真空管在电路中的功能与角色。20 世纪中后期，半导体制造技术的进步为集成电路的出现创造了必要条件。相比手工组装的电路，集成电路可以把大量微晶体管集成到一个小芯片上，这是巨大的飞跃。集成电路的规模生产能力、可靠性、电路设计的模块化方法加快了标准化集成电路取代晶体管的进程。

从氧化铜到锗，再到硅，集成电路的原料在 20 世纪 40 年代到 20 世纪 50 年代得到了系统研究。直到 20 世纪 70 年代，微型计算机才真正诞生。微型计算机由于具有体积小、价格低、性价比高的优点，在各行各业被广泛应用。同步发展的还有微型计算机的核心芯片。如今，一台微型计算机的处理能力不仅远超 20 世纪 50 年代初期的占地数百平方米、质量数十吨、功耗几百千瓦的大型电子管计算机，还超过几十年前造价数十万美元的大型晶体管数字计算机。

随着智能穿戴设备、车用电子设备和机顶盒等设备需求的增加，低容量 NAND Flash 的需求空间不断扩大，国际龙头企业逐渐退出低容量的行列，这对国内存储器行业而言是一大利好。在政策利好，低容量存储器需求剧增的情况下，我国芯片行业将进入快速发展期，产业链中各个环节的业绩有望暴增。

未来随着生物、化学、医学等科学的进步，新型的生物芯片、人脑芯片等科技会被人们广泛关注。与微加工技术向纳米尺度发展一样，某些种类的生物芯片的研究正在朝纳米量级发展。研究人员发现一些具备自组装能力的分子可以被用于制作纳米器件。例如，用胶原质做导线，抗体做夹子，DNA 做存储器，膜蛋白做泵，等等。虽然尚无成功的纳米芯片出现，但是人们利用具备自组装能力的分子制作了一些结构，如直径为 0.5μm、长度为 30μm 的脂质管；直径为 0.7μm 的圆形多肽纳米管和显微分子齿轮等。这些利用具备自组装能力的分子设计和装配仪器零件类似物的研究为纳米芯片的开发打下了良好的基础。从样品制备、化学反应到检测这三部分的分部集成已实现，全集成初见端倪。2020 年全球生物芯片市场规模为 131 亿美元，2021 年全球生物芯片市场规模超过 145 亿美元。世界各国的公司、研究机构都在积极研究、申请专利、开发新产品，争取先占领市场。较早涉足该领域的美国、英国、加拿大、荷兰、德国、日本等几个国家已经取得了一些成就。为了避免出现高技术产业被国外企业垄断的局面，我国也投入了一定的财力、人力和物力，争取在高技术产业中占有一席之地。目前我国在生物芯片、微缩芯片实验室、超高通量药物筛选等方面已有独到的创新和成果。

1.2 芯片架构简介

近几年，国产中央处理器（Central Processing Unit，CPU）发展迅猛，国内市场多种 CPU 架构并存。长期以来，占据世界芯片主要市场份额的 CPU（或称为主流 CPU）只有 x86 和 ARM 两种架构，这种情况在今后相当长的一段时间内可能还会存在。目前国产 CPU 中多种架构并存的现象主要是市场选择的结果，完全孤立的、不和国际市场接轨的架构未来势必会被淘汰。因此，要从全球视野和国家安全融合角度出发来探索适合国产 CPU 发展的技术路线，做到既融合主流生态，又保持技术的独立性。

国际主流嵌入式产品历经了多代发展，达到了很高的技术水平，在笔记本电脑等高端市场领域已有能力与通用处理器竞争。但是国际上嵌入式产品的供应商数目近年来一直在减少，存在“由分散到集中，由竞争到垄断”的趋势。

目前国际上知名的 32 位嵌入式 CPU 主要有 MIPS、ARM、Tensilica 和 ARC 等系列产品。

嵌入式系统的发展，以及相关技术的运用，始终围绕着性能、成本和功耗这三个方面进行折中与取舍，并追求整个系统的综合优化。对于嵌入式系统的性能，不要求达到最高，只要够用并有些余量即可。要实现过高的性能和工作频率，必定需要付出芯片面积、动态功耗、静态功耗的代价。而且 CPU 并不总包办所有任务，系统级芯片（System on Chip，SoC）中的其他加速或专用知识产权（Intellectual Property，IP）往往承担着芯片中最繁重的工作，形成了硬软件协同工作的普遍设计模式。

第 2 章

飞腾芯片型号及技术参数

近几年来，国产芯片正在快速崛起。飞腾公司始终坚持“核心技术自主创新，产业生态开放联合”的发展理念，以“聚焦信息系统核心芯片，支撑国家信息安全和产业发展”为使命，开发了一系列服务于国内信息系统基础设施建设的国产芯片。本章将对飞腾公司、飞腾 CPU 芯片及配套芯片产品的基本情况进行介绍。

2.1 飞腾公司简介

飞腾公司的全称为飞腾信息技术有限公司，是国内领先的自主核心芯片提供商。飞腾公司的总部设在天津，在北京、长沙、成都和广州设有子公司，在深圳、南京、成都、西安、银川、沈阳、海口等地设有办事处。

“飞腾”源自爱国主义诗人屈原《离骚》中的名句——“路曼曼其修远兮，吾将上下而求索……吾令凤鸟飞腾兮，继之以日夜”，自第一个飞腾 CPU 研制成功，飞腾的技术演进已有 20 余年。经过多年的研发积淀，飞腾公司取得了卓越的成绩，获得了来自政府和市场的认可和关注，掌握了涵盖体系架构、微架构、逻辑设计、物理设计、版图、封装设计等设计层次的核心技术。自成立以来，飞腾公司及核心产品、团队已荣获国家科学技术进步一等奖、“中国芯”重大创新突破产品奖、“中国芯”优秀市场表现产品奖、政府信息化产品技术创新奖、电子政务安全优秀解决方案奖、“中国青年五四奖章集体”、科技部重点领域创新团队、国资委央企科技创新团队等众多荣誉奖项。

2.2 飞腾芯片产品概述及技术理念

2.2.1 飞腾芯片产品概述

飞腾芯片产品具有谱系全、性能高、生态完善、自主化程度高等特点，目前主要包括高性能服务器 CPU、高效能桌面 CPU、高端嵌入式 CPU 和飞腾套片，它们为从端到云的各类型设备提供了核心算力支撑。飞腾芯片谱系图如图 2-1 所示。飞腾四大系列产品概述如表 2-1 所示。

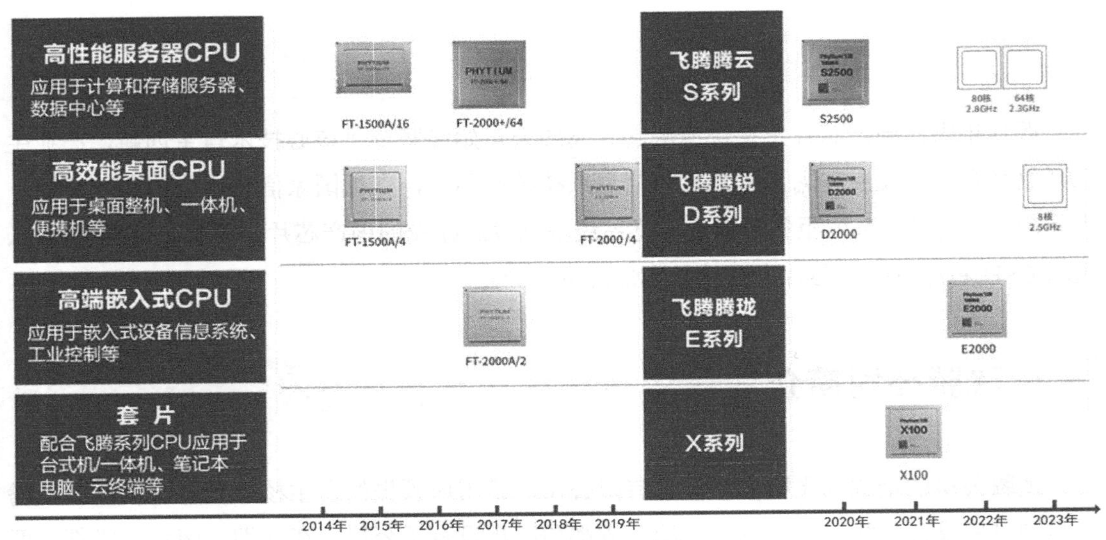

图 2-1　飞腾芯片谱系图

表 2-1　飞腾四大系列产品概述

系列名称	概　述
飞腾腾云 S	“飞腾腾云 S”是飞腾系列 CPU 中面向高性能服务器产品领域的子品牌。腾云驾数，乘风破浪，为服务器和数据中心应用提供强大且高并发的计算能力
飞腾腾锐 D	“飞腾腾锐 D”是飞腾系列 CPU 中面向高效能桌面产品领域的子品牌。腾锐技坚，追风逐电，打造高性能，高安全的单用户极致体验
飞腾腾珑 E	“飞腾腾珑 E”是飞腾系列 CPU 中面向高端嵌入式产品领域的子品牌。腾珑灵动，烈风迅雷，提供定制化的、契合各行各业嵌入式应用的解决方案
飞腾套片	飞腾套片是飞腾 CPU 的配套芯片，可配合飞腾系列 CPU 来满足台式机/一体机、笔记本电脑、云终端等需求，助力用户获得更高的集成度、更好的可靠性、更低的成本、更快的开发速度和更高的国产化率

2.2.2 飞腾产品的技术理念

1. 从端到云

在万物互联时代，飞腾公司希望为人们提供从端到云所需要的各种通用和专用的算力。

目前，飞腾 CPU 已经全面覆盖传统的桌面终端、服务器和嵌入式产品。未来，飞腾产品将在物联网、边缘计算、汽车电子等新兴领域展开布局，并逐渐在人工智能计算、异构计算等专用计算加速技术方面发力。

2. 按需定制

根据用户需求进行定制化的修改是飞腾公司作为国内领先的 CPU 设计企业发展的必由之路。飞腾公司持续赋能合作伙伴，根据用户需求不断改进产品，面向重大行业提供基于飞腾平台的细分解决方案，面向多种应用场景开展软硬件协同优化，以提升系统的整体效率，提高用户体验，满足更多行业的国产化应用需求。

3. 安全可信

飞腾公司认为，自主 CPU 并不等同于安全。除实现自主设计、正向设计外，飞腾公司致力于将安全机制融入 CPU 产品、融入整个安全框架，打造具有中国特色的共同发展的 CPU 内生安全机制，从核心层面保障信息安全。

4. 开放合作

飞腾公司始终坚持产业生态开放联合的发展道路，坚持开放、合作和共赢的发展策略。目前已经有 5000 余家合作伙伴加入飞腾生态体系。飞腾公司通过与国内行业客户、芯片企业、算法企业、科研院所，以及云、整机和软件厂商建立深入合作，共同推动飞腾 CPU 的技术与产品的持续演进和发展，让基于飞腾平台的国产化信息系统助力更多行业实现业务优化和升级。

2.3 飞腾系列芯片产品简介

2.3.1 高性能服务器 CPU

1. FT-1500A/16 概述

FT-1500A/16 集成 16 个飞腾自主研发的高能效处理器内核 FTC660，采用乱序四发射超标量流水线，采用片上并行系统（Programmable System on Chip，PSoC）体系结构，兼容 64 位 ARMv8 指令集，支持硬件虚拟化，主要技术参数如表 2-2 所示。

表 2-2　FT-1500A/16 主要技术参数

类　别	参　数
核心	集成 16 个 FTC660 处理器内核
主频	1.5GHz
二级缓存	8MB

续表

类　别	参　数
三级缓存	8MB
存储控制器	4 个 DDR3 接口
PCIE 接口	2 个 x16（每个可分拆为 2 个 x8）PCIE 3.0 接口
网络接口	2 个千兆以太网调试口
其他接口	1 个 SPI Flash 接口，2 个 UART 接口，2 个 IIC 接口，4 个 GPIO 接口
低功耗技术	支持电源关断、时钟关断、动态电压频率调节（Dynamic Voltage and Frequency Scaling，DVFS）
典型功耗	35W
封装格式	FCBGA 封装，引脚数为 1944
尺寸	42.5mm × 60mm

FT-1500A/16 适用于构建较高计算能力和较高吞吐率的服务器产品（如办公业务系统应用/事务处理器、数据库服务器、存储服务器、物联网/云计算服务器等），支持商业和工业分级。FT-1500A/16 产品形态如图 2-2 所示。

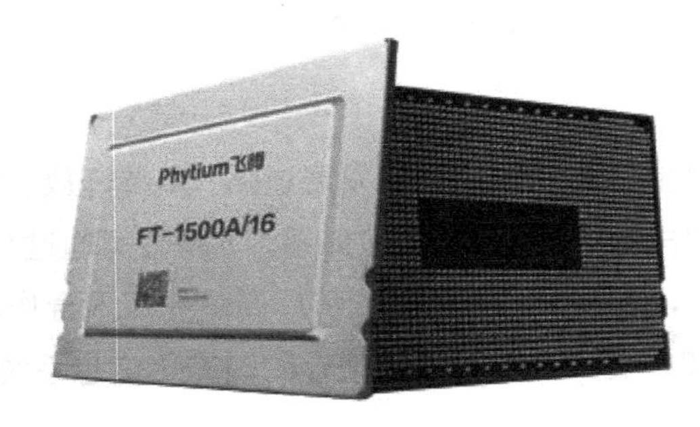

图 2-2　FT-1500A/16 产品形态

FT-1500A/16 的上市时间为 2015 年，相关文档为《FT-1500A/16 高性能通用微处理器数据手册》。

2. FT-2000+/64 概述

FT-2000+/64 集成 64 个飞腾自主研发的高能效处理器内核 FTC662，采用乱序四发射超标量流水线，采用片上并行系统体系结构，通过集成高效处理器核心、数据亲和的大规模一致性存储结构、层次式二维 Mesh 互联网络，优化存储访问延时，提供业界领先的计算性能、访存带宽和 I/O 扩展能力。FT-2000+/64 兼容 64 位 ARMv8 指令集，支持硬件虚拟化。FT-2000+/64 主要技术参数如表 2-3 所示。

表 2-3　FT-2000+/64 主要技术参数

类　别	参　数
核心	集成 64 个 FTC662 处理器内核
主频	2.0～2.3GHz
二级缓存	32MB

续表

类　别	参　数
存储控制器	8 个 DDR4 接口
PCIE 接口	2 个 x16（每个可分拆为 2 个 x8）、1 个 x1 PCIE 3.0 接口
其他接口	1 个 SPI Flash 接口，4 个 UART 接口，2 个 IIC 接口，4 个 GPIO 接口
典型功耗	100W
封装格式	FCBGA 封装，引脚数为 3576
尺寸	61mm × 61mm

FT-2000+/64 适用于高性能、高吞吐率的服务器领域，如对处理能力和吞吐力要求很高的行业大型业务主机、高性能服务器系统、大型互联网数据中心等。FT-2000+/64 产品形态如图 2-3 所示。

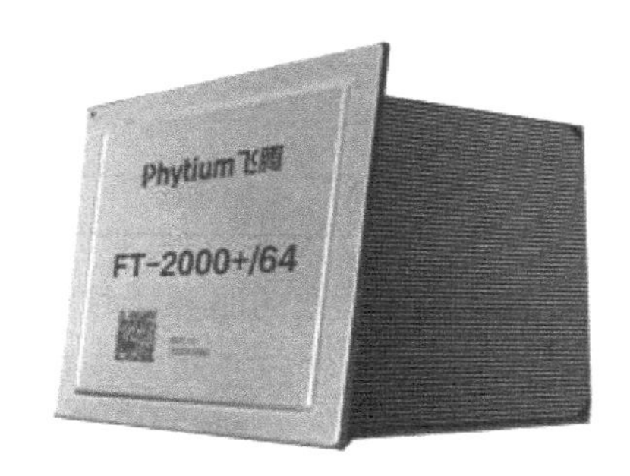

图 2-3　FT-2000+/64 产品形态

FT-2000+/64 的上市时间为 2017 年，相关文档有《FT-2000+/64 高性能通用微处理器数据手册》《FT-2000+/64 系统软件开发指南》《FT-2000+/64 硬件设计指导手册》《FT-2000+/64 内存条适配列表》。

3．飞腾腾云 S2500 概述

飞腾腾云 S2500 集成 64 个飞腾自主研发的高性能处理器内核 FTC663，兼容 ARMv8 指令集，支持硬件虚拟化，可提供业界领先的事务处理能力和单位功耗性能，可靠性进一步增强。

相比 FT-2000+/64，飞腾腾云 S2500 在片上并行系统体系结构、数据亲和的大规模一致性存储架构，以及层次式二维 Mesh 互联网络的基础上，新增大容量共享三级缓存，多端口高速、低延迟直连通路，内存镜像存储可靠性增强技术和面向应用的安全增强技术。其中，飞腾腾云 S2500 拥有 4 个直连通路，总带宽为 800 Gbit/s，支持 2~8 路直连，缓存一致性协议从单路 64 核心扩展到 8 路 512 核心。飞腾腾云 S2500 主要技术参数如表 2-4 所示。

表 2-4　飞腾腾云 S2500 主要技术参数

类　别	参　数
核心	集成 64 个 FTC663 处理器内核
主频	2.1GHz
二级缓存	每 4 核共享 2MB 二级缓存，共 32MB
三级缓存	64MB
存储控制器	集成 8 个 DDR4 通道
PCIE 接口	1 个 x16（可拆分成 2 个 x8）、1 个 x1 PCIE 3.0 接口
直连通路	集成 4 个直连通路，每个通路包含 4Lane，单 Lane 传输速率为 25Gbit/s，支持 2 路、4 路、8 路 CPU 互连
其他接口	集成 4 个 UART 接口，32 个 GPIO 接口，2 个 IIC 主/从控制器接口，2 个 IIC 从控制器接口，2 个看门狗定时器（Watch Dog Timer，WDT）接口，1 个通用 SPI 接口
电源管理	支持动态频率调整
典型功耗	150W
封装格式	FCLBGA 封装，引脚数 3576
尺寸	61mm × 61mm

飞腾腾云 S2500 适用于高性能、高吞吐率的服务器领域，如行业大型业务主机、高性能服务器系统、大型互联网数据中心等，支持商业和工业分级。飞腾腾云 S2500 产品形态如图 2-4 所示。

图 2-4　飞腾腾云 S2500 芯片产品形态

飞腾腾云 S2500 的上市时间为 2020 年，相关文档为《飞腾腾云 S2500 高性能通用微处理器软件编程手册》。

2.3.2　高效能桌面 CPU

1．FT-1500A/4 概述

FT-1500A/4 集成 4 个飞腾自主研发的高能效处理器内核 FTC660，采用乱序四发射超标量流水线，采用片上并行系统体系结构、高效片上网络和高带宽低延迟的存储系统，兼容 64 位 ARMv8 指令集，并支持 ARM64 和 ARM32 两种执行模式。FT-1500A/4 主要技术参数如表 2-5 所示。

表 2-5　FT-1500A/4 主要技术参数

类　别	参　数
核心	集成 4 个 FTC660 处理器内核
主频	1.5～2.0GHz
二级缓存	8MB
三级缓存	8MB
存储控制器	2 个 DDR3 接口
PCIE 接口	2 个 x16（每个可分拆为 2 个 x8）PCIE 3.0 接口
网络接口	1 个千兆以太网自适应接口
其他接口	1 个 SPI Flash 接口，2 个 UART 接口，32 个 GPIO 接口
低功耗技术	支持电源关断、时钟关断、DVFS
典型功耗	15W
封装格式	FCBGA 封装，引脚数为 1150
尺寸	37.5mm × 37.5mm

FT-1500A/4 适用于构建各种类型的桌面终端、便携式终端和轻量级服务器等产品，支持商业和工业分级。FT-1500A/4 产品形态如图 2-5 所示。

图 2-5　FT-1500A/4 产品形态

FT-1500A/4 上市时间为 2015 年，相关文档为《FT-1500A/4 高性能通用微处理器数据手册》。

2．FT-2000/4 概述

FT-2000/4 集成 4 个飞腾自主研发的高性能处理器内核 FTC663，采用乱序四发射超标量流水线，兼容 64 位 ARMv8 指令集，并支持 ARM64 和 ARM32 两种执行模式，支持单精度浮点运算指令、双精度浮点运算指令和 ASIMD 处理指令，支持硬件虚拟化。FT-2000/4 主要技术参数如表 2-6 所示。

表 2-6　FT-2000/4 主要技术参数

类　别	参　数
核心	集成 4 个 FTC663 处理器内核
主频	2.2GHz、2.6GHz
二级缓存	4MB

续表

类　别	参　数
三级缓存	4MB
片上存储器	集成 128KB 片上存储
存储控制器	2 个 DDR4 接口，支持 DDR 存储数据实时加密，兼容 DDR3、DDR3L
PCIE 接口	2 个 x16（每个可分拆为 2 个 x8）和 2 个 x1 PCIE 3.0 接口
网络接口	2 个千兆以太网自适应接口
其他接口	1 个 SD 2.0 接口，1 个 HD-Audio 接口，4 个 UART 接口，32 个 GPIO 接口，1 个 LPC 接口，4 个 IIC 接口，1 个 QSPI 接口（用于连接 Flash 存储器），2 个通用 SPI 接口，2 个 WDT 接口，3 个 CAN 2.0 接口
安全技术	支持 PSPA1.0 安全规范，支持基于域隔离的安全机制，集成 ROM 作为可信启动根，集成多种密码加速引擎
低功耗技术	支持电源关断、时钟关断、DVFS 及关核、降频操作，支持待机、休眠模式
典型功耗	10W
封装格式	FCBGA 封装，引脚数为 1144
尺寸	35mm × 35mm

FT-2000/4 从硬件层面增强了芯片的安全性，支持飞腾自主定义的处理器安全架构规范 PSPA1.0，可满足在更复杂应用场景下对性能和安全可信的需求。FT-2000/4 所有安全相关模块均由飞腾公司自主设计，是首款可在 CPU 层面有效支撑可信计算 3.0 标准的国产 CPU。

FT-2000/4 适用于构建有更高性能、能耗比和安全需求的桌面终端、便携式终端、轻量级服务器和嵌入式低功耗产品，支持商业和工业分级。FT-2000/4 产品形态如图 2-6 所示。

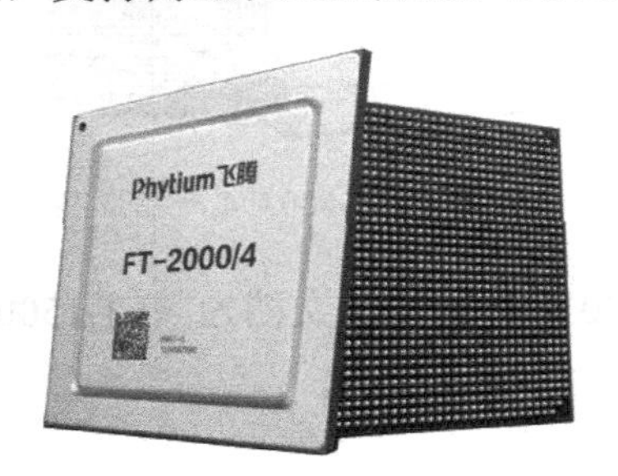

图 2-6　FT-2000/4 产品形态

FT-2000/4 的上市时间为 2019 年，相关文档为《FT-2000/4 系列处理器数据手册》《FT-2000/4 硬件设计指导手册》《FT-2000/4 软件编程手册》。

3. 飞腾腾锐 D2000 概述

飞腾腾锐 D2000 集成 8 个飞腾自主研发的高性能处理器内核 FTC663，采用乱序四发射超标量流水线，兼容 64 位 ARMv8 指令集，并支持 ARM64 和 ARM32 两种执行模式，支持单精度浮点运算指令、双精度浮点运算指令和 ASIMD 处理指令，支持硬件虚拟化。飞腾腾锐 D2000 主要技术参数如表 2-7 所示。

表 2-7　飞腾腾锐 D2000 主要技术参数

类　别	参　数
核心	集成 8 个 FTC663 处理器内核
主频	2.0~2.3GHz
二级缓存	8MB
三级缓存	4MB
片上存储器	集成 128KB 片上存储
存储控制器	2 个 DDR4 接口，支持 DDR 存储数据实时加密，兼容 DDR4 和 LPDDR4
PCIE 接口	2 个 x16（每个可分拆为 2 个 x8）和 2 个 x1 PCIE 3.0 接口
其他接口	1 个 SD 2.0 接口，4 个 UART 接口，32 个 GPIO 接口，4 个 IIC 接口，1 个 QSPI 接口（用于连接 Flash 存储器），2 个通用 SPI 接口，2 个 WDT 接口，3 个 CAN 2.0 接口
安全技术	支持 PSPA 1.0 安全规范，支持基于域隔离的安全机制，集成 ROM 作为可信启动根，集成多种密码加速引擎
低功耗技术	支持电源关断、时钟关断、DVFS 及关核、降频操作
TDP 功耗	40W
封装格式	FCBGA 封装，引脚数为 1144
尺寸	35mm × 35mm

飞腾腾锐 D2000 是一款面向桌面应用的高性能通用处理器，最高主频为 2.3GHz，内置密码加速引擎，集成系统级安全机制，能够满足复杂应用场景下的性能需求和安全可信需求，支持商业和工业分级。

飞腾腾锐 D2000 适用于构建有更高性能、能耗比和安全需求的桌面终端、便携式终端、轻量级服务器和嵌入式低功耗产品。飞腾腾锐 D2000 产品形态如图 2-7 所示。

飞腾腾锐 D2000 的上市时间为 2020 年，相关文档有《飞腾腾锐 D2000 软件编程手册》《飞腾腾锐 D2000 系列处理器数据手册》《飞腾腾锐 D2000 硬件设计指导手册》。

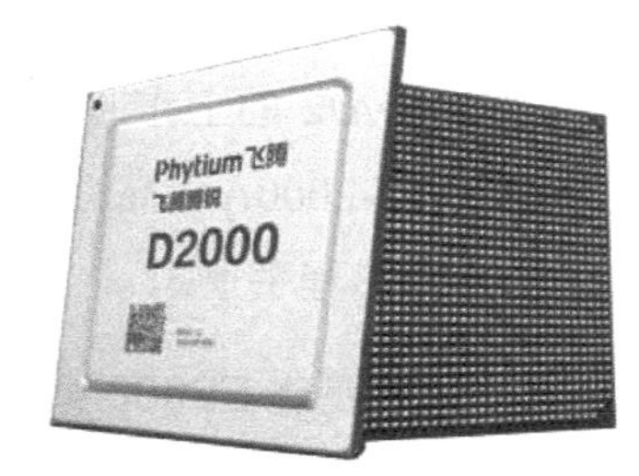

图 2-7　飞腾腾锐 D2000 产品形态

2.3.3　高端嵌入式 CPU

1. FT-2000A/2 概述

FT-2000A/2 集成 2 个飞腾自主研发的高能效处理器内核 FTC661，采用乱序四发射超标量流水线，兼容 64 位 ARMv8 指令集，并支持 ARM64 和 ARM32 两种执行模式，支持单精度浮点运算指令、双精度浮点运算指令和向量处理指令。

FT-2000A/2 面向各种行业终端产品、嵌入式装备和工业控制领域应用产品需求，支持商业和工业分级，具有高安全、高可靠性、强实时性、低功耗等特点。FT-2000A/2 主要技术参数如表 2-8 所示。FT-2000A/2 产品形态如图 2-8 所示。

表 2-8　FT-2000A/2 主要技术参数

类　　别	参　　数
核心	集成 2 个 FTC661 处理器内核
主频	1.0GHz
二级缓存	1MB
存储控制器	1 个 DDR3 接口
PCIE 接口	1 个 x8（可分拆为 2 个 x4）PCIE 2.0 接口
网络接口	2 个千兆自适应以太网接口
安全技术	支持基于 TEE 可信执行环境的安全机制
低功耗技术	支持以 Core 为单位的电源关断、动态频率调整（DFS）、时钟关断等低功耗机制
典型功耗	双核 3W；单核 2W
封装格式	FCBGA 封装，引脚数为 896
尺寸	31mm × 31mm

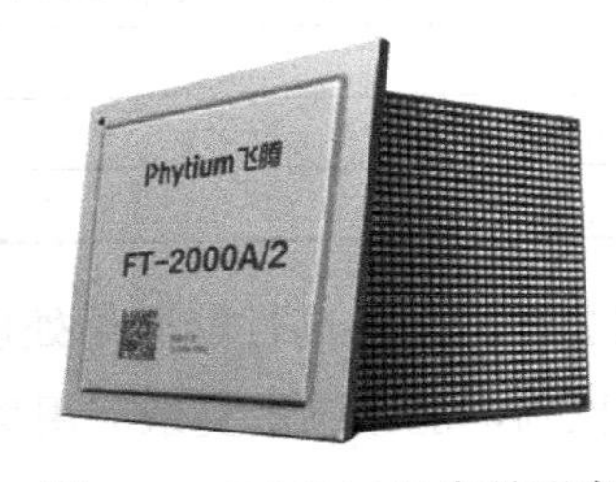

图 2-8　FT-2000A/2 产品形态

FT-2000A/2 的上市时间为 2017 年，相关文档有《FT-2000A/2 高性能通用微处理器数据手册》《FT-2000A/2 高性能通用微处理器硬件设计指导手册》《FT-2000A/2 高性能通用微处理器软件编程手册》。

2．飞腾腾珑 E2000 概述

飞腾腾珑 E2000 包括 E2000Q、E2000D、E2000S 三个系列，集成飞腾自主研发的高能效处理器内核（E2000Q 集成 2 个 FTC664 处理器内核和 2 个 FTC310 处理器内核，E2000D 集成 2 个 FTC310 处理器内核，E2000S 集成 1 个 FTC310 处理器内核），采用乱序四发射超标量流水线，兼容 64 位 ARMv8 指令集，并支持 ARM64 和 ARM32 两种执行模式，支持单精度浮点运算指令、双精度浮点运算指令和 ASIMD 处理指令，支持硬件虚拟化。飞腾腾珑 E2000 主要技术参数如表 2-9 所示。

表 2-9　飞腾腾珑 E2000 主要技术参数

指　　标	E2000Q	E2000D	E2000S
核心	集成 2 个 FTC664 处理器内核和 2 个 FTC310 处理器内核	集成 2 个 FTC310 处理器内核	集成 1 个 FTC310 处理器内核
主频	2.0GHz、1.5GHz	1.5GHz	1.0GHz
二级缓存	2MB 加 256KB	256KB	256KB

续表

指　标	E2000Q	E2000D	E2000S
片上存储器	集成 384KB 片上存储	集成 384KB 片上存储	集成 384KB 片上存储
视频编解码	H.264/265 解码，2K@30FPS	—	JPEG 编码，1080P@15FPS
存储控制器	1 个 DDR4 接口，支持 DDR 存储数据实时加密，支持 DDR4 和 LPDDR4	1 个 DDR4 接口，支持 DDR 存储数据实时加密，支持 DDR4 和 LPDDR4	1 个 DDR4 接口，支持 DDR 存储数据实时加密，支持 DDR4 和 LPDDR4
PCIE 接口	1 个 x4（可拆分为 1 个 x2 和 2 个 x1 或拆分为 4 个 x1）和 2 个 x1 PCIE 3.0 接口	4 个 x1 PCIE 3.0 接口	2 个 x1 PCIE 3.0 接口
网络接口	4 个 10/100/1000Mbit/s 自适应以太网接口	4 个 10/100/1000Mbit/s 自适应以太网接口	2 个 10/100/1000Mbit/s 自适应以太网接口
USB 接口	3 个 USB 2.0 接口和 2 个 USB 3.0 接口	3 个 USB 2.0 接口和 2 个 USB 3.0 接口	3 个 USB 2.0 接口
SATA 接口	2 个 SATA 3.0 接口	2 个 SATA 3.0 接口	—
多媒体接口	2 个 DisplayPort 1.4 HBR 2 接口和 1 个 IIS 接口	1 个 DisplayPort 1.4 HBR 2 接口和 1 个 IIS 接口	2 个 DisplayPort 1.4 HBR 2 接口
其他接口	1 个 SD 接口，1 个 SD/SDIO/eMMC 接口，4 个 PWM 接口，1 个 QSPI 接口，1 个 NAND Flash 接口，4 个 UART 接口，16 个 MIO 接口（可配置成 IIC 或 UART），4 个 SPI_M 接口，96 个 GPIO 接口，1 个 LocalBus 接口，1 个 JTAG_M 接口，2 个 WDT 接口，2 个 CAN FD 接口，1 个 Keypad 接口（8×8）	1 个 SD 接口，1 个 SD/SDIO/eMMC 接口，4 个 PWM 接口，1 个 QSPI 接口，1 个 NAND Flash 接口，4 个 UART 接口，12 个 MIO 接口（可配置成 IIC 或 UART），4 个 SPI_M 接口，96 个 GPIO 接口，1 个 LocalBus 接口，1 个 ADC 接口，1 个 JTAG_M 接口，2 个 WDT 接口，2 个 CAN FD 接口，1 个 Keypad 接口（8×8）	1 个 SD/SDIO/eMMC 接口，16 个 PWM 接口，1 个 QSPI 接口，4 个 UART 接口，16 个 MIO 接口（可配置成 IIC 或 UART），4 个 SPI_M 接口，96 个 GPIO 接口，1 个 oneWire 接口，1 个 ADC 接口，1 个 JTAG_M 接口，2 个 WDT 接口，1 个 SGPIO 接口，1 个 SMBus 接口，2 个 PMBus 接口，4 个 I3C 接口
安全技术	支持 PSPA 1.0 安全规范，支持基于域隔离的安全机制，集成 ROM 作为可信启动根		
低功耗技术	支持电源关断、时钟关断、DVFS 及关核、降频操作		
典型功耗	6W	3W	1.5W
封装格式	FCBGA 封装，引脚数为 809	FCBGA 封装，引脚数为 705	FCBGA 封装，引脚数为 705
尺寸	25mm×25mm	23mm×23mm	23mm×23mm

飞腾腾珑 E2000 面向云终端、行业平板、电力、轨道交通、服务器 BMC（Baseboard Management Controller，基板管理控制器）、网络设备和智能控制等行业领域和场景，可满足复杂多样的产品应用需求，支持商业和工业分级，具备高安全性、高可靠性、低功耗性等。飞腾腾珑 E2000 产品形态如图 2-9 所示。

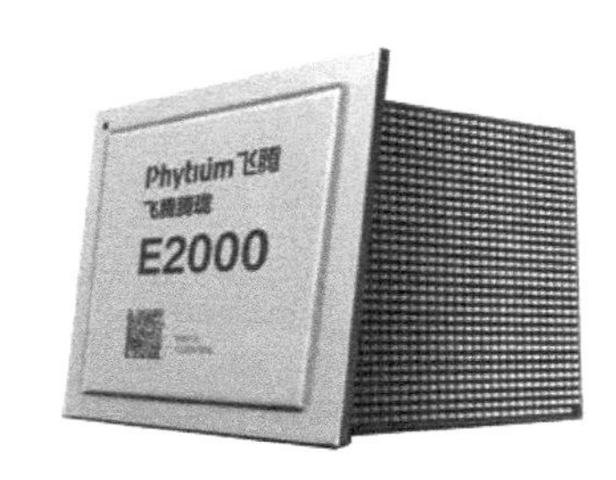

图 2-9　飞腾腾珑 E2000 产品形态

飞腾腾珑 E2000 的上市时间为 2022 年，相关文档有《E2000Q 教育开发板用户手册》《E2000Q Mini ITX 用户

手册》《E2000D Mini ITX 用户手册》《E2000Q VPX 套件使用说明书》《E2000Q 国产化飞腾开发套件》《飞腾 CPU 开发套件 E2000-D-EVB 用户手册》。

2.3.4 飞腾套片

X100 套片是一款 CPU 的配套芯片，主要功能有图形图像处理和 I/O 接口扩展两类。在图形图像处理方面，X100 套片集成了图形处理加速 GPU、视频解码 VPU、显示接口（DisplayPort）及显存控制器。在 I/O 接口扩展方面，X100 套片支持 PCIE 3.0、SATA 3.0、USB 3.1、SD/eMMC、NAND Flash、IIS 等多种外围设备接口。X100 套片主要技术参数如表 2-10 所示。

表 2-10 X100 套片主要技术参数

类　别	参　数
GPU	300GFLOPS
VPU	支持 4K@30Hz 解码能力，支持 H.264/265、MPEG4、VP8/VP9 等主流视频格式
存储控制器	支持显存容量可达 8GB
显示接口	3 路 DisplayPort 1.4，其中两路最大分辨率支持 3840×2160@60Hz，一路最大分辨率支持 1366×768@60Hz
PCIE 接口	6x1 和 2x2 PCIE 3.0 接口（传输速率为 8Gbit/s），其中 2 x1 与 SATA 复用
USB 接口	8 个 USB3.1 Gen1 接口（传输速率为 5Gbit/s）
SATA 接口	4 个 SATA3.0 接口（传输速率为 6Gbit/s）
其他接口	集成 IIS、SD/SDIO/eMMC、UART、GPIO、PWM 等慢速 I/O 接口
安全技术	支持 PSPA1.0 安全规范
低功耗技术	支持电源关断和 DFS
散热设计功耗（Thermal Design Power，TDP）	15W
封装	FCLBGA 封装，引脚数为 997
尺寸	31mm×31mm

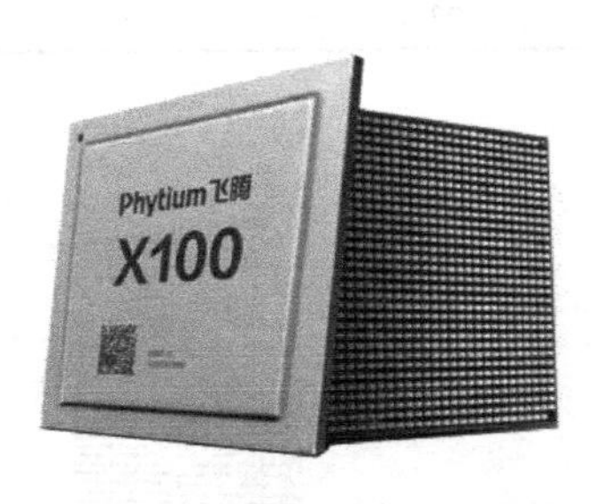

图 2-10 X100 套片产品形态

X100 套片可配合飞腾 CPU 全面满足台式机/一体机、笔记本电脑、云终端等需求，助力用户获得更高的集成度、更好的可靠性、更低的成本、更快的开发速度和更高的国产化率。X100 套片产品形态如图 2-10 所示。

X100 套片的上市时间为 2021 年，相关文档有《飞腾 X100 系列套片数据手册》《飞腾 X100 套片软件编程手册》。

第 3 章

开发板硬件结构及接口

3.1 飞腾教育开发板简介

飞腾教育开发板目前有多个版本，2022 年以前飞腾教育开发板由匠牛社区开发，板载 CPU 以飞腾腾锐 D2000 或 FT-2000/4 为主，集成 8 个或 4 个 FTC663 处理器内核，兼容 64 位 ARMv8 指令集；集成 4MB 二级缓存，部分有 4MB 三级缓存；主频为 2.3GHz 或 2.6GHz，最大频率为 3.0GHz。本书实训案例涉及的飞腾教育开发板是由天固信安（SKYSOLIDISS）开发的，型号为天乾 C216F，板载飞腾 FT-2000/4 核 CPU，其系列芯片是基于飞腾片上并行系统体系结构设计的通用微处理器，通过集成高效的计算核心、数据亲和存储层次和可扩展互联网络，提供面向企业级信息化基础设施建设所需的计算能力和访存通信带宽，可应用于行业大型业务主机和服务器系统，为业界提供领先的吞吐能力和计算性能。

天乾 C216F 飞腾教育开发板的硬件规格如下。

- CPU：FT-2000/4，集成 4 个 FTC663 处理器内核，兼容 64 位 ARMv8 指令集，集成 4MB 二级缓存，4MB 三级缓存，主频为 2.6GHz。
- 内存：两个 SODIMM（Small Outline Dual In-line Memory Module，小型双列直插式内存模块）插槽，单条最大支持 16GB DDR4，支持 DDR4-1600/DDR4-2666。
- 3.5mm 音频接口：2 个，1 个为 MIC 输入接口、1 个为 Headphone 输出接口。
- USB 3.0：6 个，其中前置 2 个，后置 4 个。
- HDMI 输出接口：1 个。
- DP 输出接口：1 个。
- RJ45 网口：2 个，支持 10/100/1000Mbit 模式，支持自适应网络。
- MXM 接口：1 个，AMD R5 230 显卡。
- M.2 接口：1 个，支持 2242 规格的 NVMe 硬盘，支持 PCIE x4（Gen3）信号，支持 M.2 接口的 Wi-Fi 模块（PCIE 协议）。

- mSATA 接口：1 个，支持 SATA3 协议。
- SATA 接口：1 个，支持 SATA3 协议。
- 板载 RTC（Real_Time Clock，实时时钟）：1 个。
- DC 接口：输入电压为 19V。

飞腾教育开发板整体尺寸为 199.4mm×182mm。

需要注意的是，硬盘为通用标准品，无特殊情况，市面上的通用硬盘都可支持；Wi-Fi 模块的支持情况取决于驱动。

3.2 板载硬件接口及模块

天乾 C216F 飞腾教育开发板提供了面向企业级信息化基础设施建设所需的算力和多个可扩展互联网络，接口类型多样，兼容性较好。系统集成的接口在开发板上有直观展示，下面介绍天乾 C216F 飞腾教育开发板集成的各个硬件模块功能及作用。

天乾 C216F 飞腾教育开发板上集成了 30 个板载硬件接口及模块。开发板正面接口主视图如图 3-1 所示。开发板接口及模块对应表如表 3-1 所示。

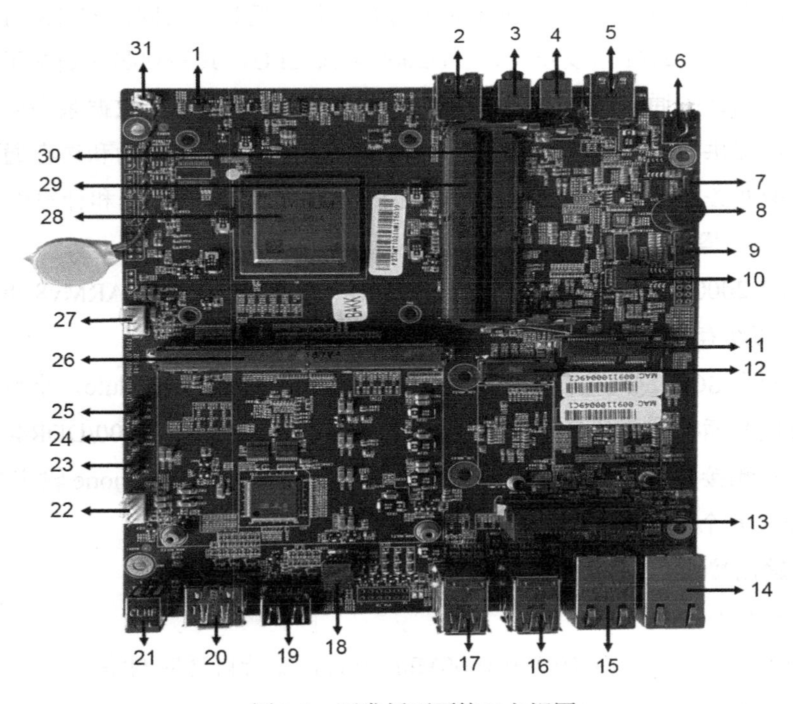

图 3-1　开发板正面接口主视图

表 3-1 开发板接口及模块对应表

序 号	描 述	序 号	描 述	序 号	描 述
1	RTC	12	NVMe 接口	23	EC_Debug 串口（TTL）
2	前置 USB 接口	13	SATA 接口	24	时钟 Debug 串口
3	Audio 高频输出模块	14	网口	25	
4	语音输入模块	15		26	MXM 接口
5	前置 USB 接口	16	后置 USB 接口	27	FAN 接口
6	电源开关按钮	17		28	CPU
7	CPU Debug 串口（TTL）	18	EC IC Socket	29	DDR4 插槽
8	蜂鸣器	19	HDMI 接口	30	
9	RS232 串口	20	DP 接口	31	电池接口
10	BIOS IC Socket	21	DC 电源接口	—	—
11	mSATA 接口	22	FAN 接口	—	—

（1）RTC：序号为 1 的位置为 RTC，即 U22，电池接口在开发板掉电时为 RTC 供电。

（2）USB 接口：序号为 2、5、16、17 的位置为 USB 接口，支持 USB 3.0。开发板上有 6 个 USB 接口，其中前置 USB 接口有 2 个，后置 USB 接口有 4 个。

（3）Audio 高频输出模块：序号为 3 的位置为 Audio 音频输出模块，支持 3.5mm Headphone 输出。

（4）语音输入模块：序号为 4 的位置为语音输入模块，支持 3.5mm MIC 输入。

（5）电源开关按钮：序号为 6 的位置为电源开关按钮。开发板在关机状态时，短按电源开关按钮，开发板开机，并且在上电完成后，会发出"嘀"声，表明开发板上电完成。开发板开机状态下，短按电源开关按钮，开发板重启，重新开始上电；长按电源开关按钮 4s，蜂鸣器会发出一声长响，表明开发板被强制断电关机。

（6）Debug 串口：序号为 7、23、24、25 的位置为 Debug 串口。Debug 串口是 Linux 的默认控制台，要想改变控制台，需要先释放 Debug 串口。释放 Debug 串口包括三步：①禁止 Aboot 的 log 输出；②禁止 Linux 启动过程的 log 输出；③取消 Linux Console 控制台。

（7）蜂鸣器：序号为 8 的位置为蜂鸣器。很多嵌入式系统的设计方案会用到蜂鸣器，在一般情况下，使用蜂鸣器进行提示或报警，如按键按下、开始工作、工作结束、故障等。

（8）RS232 串口：序号为 9 的位置为 RS232 串口，是板载通信接口之一，用于实现开发板与其他设备的串口通信。

（9）芯片测试座：标号为 10、18 的位置为芯片测试座，用于连接芯片与 PCB，主要作用是满足芯片引脚与 PCB 测试开发板的连接需求。

（10）存储接口：开发板正面有三个存储接口，分别在序号为 11、12、13 的位置，序号为 11 的位置为 mSATA 接口，序号为 12 的位置为 NVMe 接口，序号为 13 的位置为 SATA 接口。

（11）网口：序号为 14、15 的位置为开发板网口，接口为 RJ45 千兆电口，支持 10/100/1000Mbit/s 模式。

（12）HDMI 接口：序号为 19 的位置为高清晰度多媒体（High Definition Multimedia Interface, HDMI）接口，是一种数字化视频/音频接口技术，是适合影像传输的专用型数字化接口，可同时传送音频信号和影像信号，最高数据传输速度为 2.25GB/s，同时无须在信号传送前进行数/模转换或模/数转换。HDMI 接口可搭配高宽带数字内容保护（High-Bandwidth Digital Content Protection，HDCP）技术，以防止具有著作权的影音内容遭到未经授权的复制。

（13）DP 接口：序号为 20 的接口为高清数字显示接口 DisplayPort，从性能上讲，DisplayPort 1.1 标准最大支持 10.8GB/s 的传输带宽，HDMI 1.3 标准能支持 10.2GB/s 的带宽。另外，DisplayPort 接口可支持 WQXGA+（2560 像素×1600 像素）、QXGA（2048 像素×1536 像素）等分辨率及 30/36bit（每原色 10/12bit）的色深，1920 像素×1200 像素分辨率支持的色彩达到 120/24bit，超高的带宽和分辨率足以适应显示设备的发展。

（14）DC 电源接口：序号为 21 的接口为 DC 电源接口，仅支持 19V 电源输入，引脚定义如图 3-2 所示。

图 3-2　电源接口引脚定义

注意：当开发板连接全功率负载测试时，要使用 19V/4.7A 及以上电源适配器，全功率负载测试包括 LTP、Spec、MemTest 等。

（15）FAN 接口：序号为 22、27 的位置为 FAN 接口，FAN 接口是 CPU 散热器的专用接口，工作电压为 12V，4PIN（针）。4 针风扇具有 PWM 调节能力，它根据负载和温度变化来智能控制转速，可以避免噪声过大。相比 3 针 FAN 接口，4 针 FAN 接口多出的引脚属于转速调节引脚，3 针风扇没有 PWM 调节能力。风冷散热器风扇或水冷散热器的风扇连接在 FAN 接口上。

（16）MXM 接口：序号为 26 的位置为 MXM 接口，主要用来连接 MXM 显卡。

（17）CPU：序号为 28 的位置是 CPU，负责处理开发板内部的所有数据。

（18）DDR4 插槽：序号为 29 和 30 的位置是开发板自带的 2 个 SODIMM 插槽，兼容

SDRAM 器件。单条最大支持 16GB DDR4，支持 DDR4-1600/DDR4-2666。

（19）电池接口：序号为 31 的位置为电池接口，用于连接通用纽扣电池。

3.3 MXM 显卡及硬盘

3.3.1　MXM 显卡安装方式

开发板配置有 MXM 接口，该接口主要用来连接 MXM 显卡，到目前为止，开发板已经适配多种型号的 MXM 显卡，包括 AMD HD 8570 显卡和 AMD R5 230 显卡。

在一般情况下，开发板在出厂时散热片和散热风扇已安装好。若想自己安装 MXM 显卡，则可以参考如下 MXM 显卡安装方法。

（1）断开电源后将开发板上面的亚克力外壳去掉。

（2）将显卡插入 MXM 接口。MXM 接口如图 3-3 所示。需要注意的是，要先让显卡稍稍翘起，再轻轻用力将其推入。

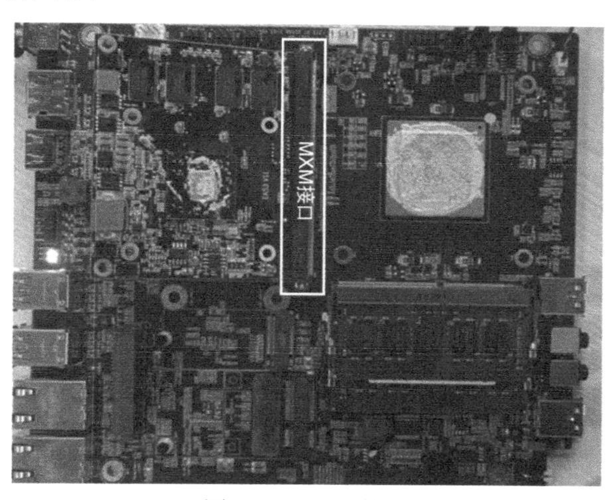

图 3-3　MXM 接口

（3）使用配发的螺丝固定显卡。左边和右边的螺丝都需要安装。

（4）安装散热风扇，同时把风扇电源线连接到图 3-1 中的序号 14 处，以防止显卡因过热被烧坏。

（5）将卸掉的亚克力外壳重新安装到开发板上。

3.3.2　硬盘安装

开发板有丰富的存储接口，在实际使用时，可以任选其一。存储接口包括 SATA 接口、M.2 接口及 mSATA 接口，如图 3-4 所示。其中，SATA 接口支持 2.5 英寸的标准 SSD

硬盘；M.2 接口支持 2242 标准的 NVMe 硬盘，支持 PCIE x4 协议；mSATA 接口支持 SATA 协议的 mSATA 硬盘。

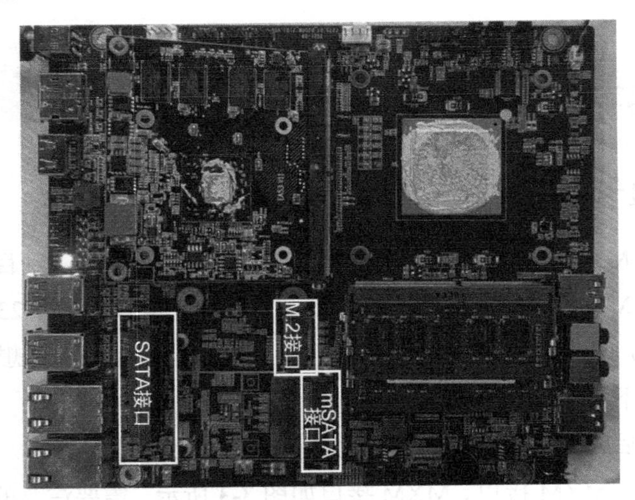

图 3-4　存储接口

mSATA/NVMe 硬盘的安装方法：在断开电源后，将 mSATA 硬盘或 NVMe 硬盘插入对应的 mSATA 接口或 M.2 接口，稍微用力将其推入，使用配发的螺丝固定，确保不会脱落。

第4章

搭建开发环境

天乾 C216F 飞腾教育开发板自带银河麒麟操作系统、Linux 内核（型号为 4.4.131-20210727.kylin.desktop -generic）、编译工具链 gcc/g++、Python 等系统组件。项目开发人员可以通过串口、SSH 等方式登录开发板系统搭建开发环境。

4.1 登录开发板系统

4.1.1 通过串口登录开发板系统

1. 开发板连接上位机

准备好笔记本电脑（上位机）、开发板、19V 电源适配器（随机器配置）、USB 转 TTL 调试串口线。

图 4-1 中的开发板调试串口的 GND 引脚、Rx 引脚、Tx 引脚分别接 TTL 调试串口线的 GND 引脚、Rx 引脚、Tx 引脚，如果没有输出，那么 Tx 引脚和 Rx 引脚的线序可以交换。将 USB 转 TTL 调试串口线的 USB 端连接到笔记本电脑 USB 接口。

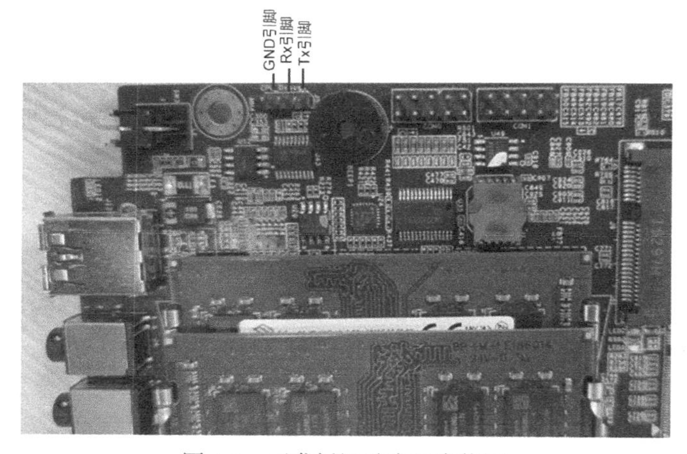

图 4-1　开发板调试串口实物图

2．登录板载系统

操作系统是 Windows 的笔记本电脑（上位机）可以通过多种工具登录开发板系统，此处介绍使用 Xshell 通过串口登录开发板系统的方法。可在官网下载 Xshell 的个人免费版。

（1）双击 Xshell 图标，打开 Xshell，在“会话”对话框中单击“新建”按钮，打开“新建会话属性”对话框，在“名称”文本框中填写会话名称，在“协议”下拉列表中选择 SERIAL 选项，如图 4-2 所示。

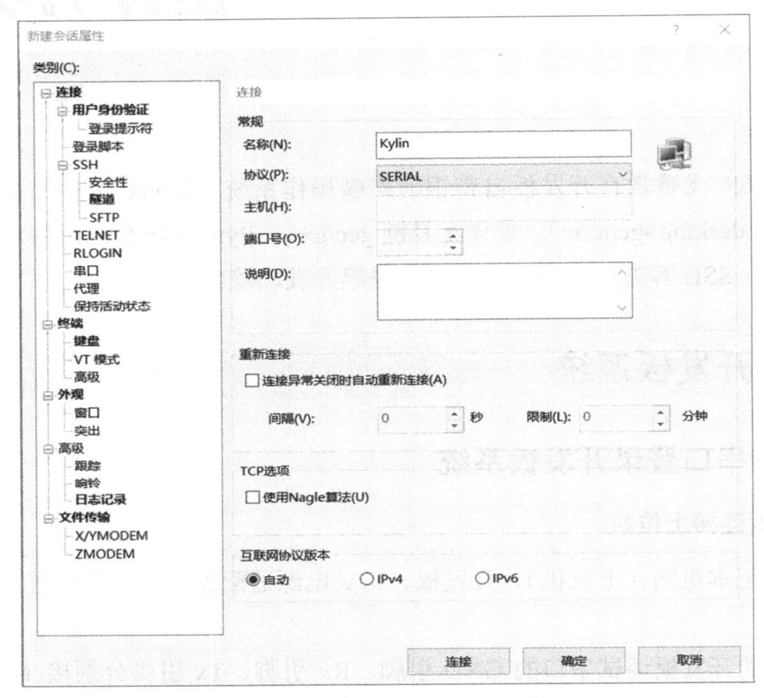

图 4-2　“新建会话属性”对话框

（2）依次单击“类别”选区中的“连接”→“串口”选项，将“端口号”设置为在“设备管理器”对话框中查看的端口号，将“波特率”设置为“115200”，单击“连接”按钮，即可创建新的会话，如图 4-3 所示（开发板占用的串口端口号的查询方式：右击“我的电脑”图标，在弹出的快捷菜单中，单击“管理”选项，弹出“计算机管理”对话框，单击左侧窗格中的“设备管理器”选项，查看新插入 USB 的端口号）。

（3）返回 connected 表示上位机和开发板连接成功。

（4）在开发板上按动开机键，启动开发板，开发板系统开始运行，在系统稳定运行后输入用户名和密码登录系统。开发板系统用户的账户名为 Kylin，密码为 Test@123123，Root 用户权限密码为 Test@123123。

图 4-3　设置端口号

3. 登录问题解决方案

在首次通过串口登录开发板系统的过程中若出现乱码，则可尝试通过如下操作来解决。

（1）开机按 Esc 键，进入 BIOS 界面，如图 4-4 所示，选择系统盘启动。需要注意的是，由于显示原因光标会显示在上一选项的后面。

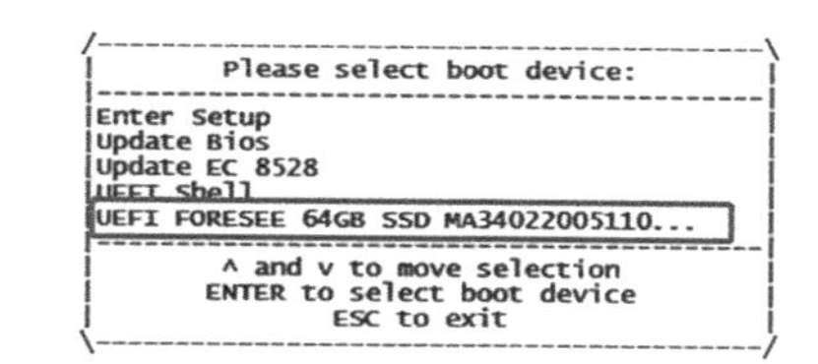

图 4-4　BIOS 界面

（2）按 E 键，进入 GRUB 配置界面，如图 4-5 所示。

```
GNU GRUB  version 2.02~beta2-36kord5k54

*Kylin V10 4.4.131-20200710.kylin.desktop-generic
*Backup and Restore Options for Kylin V10

Use the ^ and v keys to select which entry is highlighted.
Press enter to boot the selected OS, `e' to edit the commands before booting or `c' for a command-line.
```

图 4-5　GRUB 配置界面

（3）把光标移到 security=后面，插入一个空格和 1，如图 4-6 所示，按 Ctrl+X 组合键引导运行。

```
                    GNU GRUB  version 2.02~beta2-36kord5k54

--------------------------------------------------------------------------------
ms 'Kylin V10 4.4.131-20200710.kylin.desktop-generic' 'gnulinux-simple-5f7d240e-359c-4278-9bc2-0b54478a8f1d'

 insmod part_gpt
 insmod ext2
 set root='hd0,gpt1'
 if [ x$feature_platform_search_hint = xy ]; then
   search --no-floppy --fs-uuid --set=root --hint-ieee1275='ieee1275//disk@0,gpt1' --hint-bios=hd0,gpt1 --hi
 --hint-baremetal=ahci0,gpt1  5ed05493-5bee-4d34-a5ea-e22f77467dbe
 else
   search --no-floppy --fs-uuid --set=root 5ed05493-5bee-4d34-a5ea-e22f77467dbe
 fi
 echo        'Loading Linux 4.4.131-20200710.kylin.desktop-generic ...'
 linux   /Image-4.4.131-20200710.kylin.desktop-generic root=UUID=5f7d240e-359c-4278-9bc2-0b54478a8f1d  quiet
l=0 resume=UUID=30479729-014d-4819-b006-1a0b82ad61a4 rootdelay=10 KEYBOARDTYPE=pc KEYTABLE=us security= 1
 echo        'Loading initial ramdisk ...'
 initrd       /initrd.img-4.4.131-20200710.kylin.desktop-generic
```

图 4-6　更改 GRUB 配置

（4）输入 Root 用户或 Kylin 用户密码，默认是 Test@123123，输入后按 Enter 键。

（5）等待系统完成更新。

- 自动分配 IP 地址对应的指令为 dhclient。
- 查看 IP 地址对应的指令为 ip a，如图 4-7 所示。
- 检查连接互联网状态对应的指令为 ping www.baidu.com。
- 更新软件列表对应的指令为 apt-get update。
- 更新软件对应的指令为 apt-get upgrade，如图 4-8 所示。
- 重启系统对应的指令为 reboot。

```
Welcome to Kylin V10 (GNU/Linux 4.4.131-20200710.kylin.desktop-generic aarch
kylin@kylin-Phytium-FT2000-4:~$
kylin@kylin-Phytium-FT2000-4:~$ ip a
1: lo: <LOOPBACK,UP,LOWER_UP> mtu 65536 qdisc noqueue state UNKNOWN group de
    link/loopback 00:00:00:00:00:00 brd 00:00:00:00:00:00
    inet 127.0.0.1/8 scope host lo
       valid_lft forever preferred_lft forever
    inet6 ::1/128 scope host
       valid_lft forever preferred_lft forever
2: enaphyt4i0: <NO-CARRIER,BROADCAST,MULTICAST,UP> mtu 1500 qdisc pfifo_fast
    link/ether 00:91:10:00:50:e3 brd ff:ff:ff:ff:ff:ff
3: enaphyt4i1: <BROADCAST,MULTICAST,UP,LOWER_UP> mtu 1500 qdisc pfifo_fast s
    link/ether 00:91:10:00:50:e4 brd ff:ff:ff:ff:ff:ff
    inet 192.168.2.125/24 brd 192.168.2.255 scope global dynamic enaphyt4i1
       valid_lft 6221sec preferred_lft 6221sec
    inet6 fe80::b350:c021:88c4:484e/64 scope link
       valid_lft forever preferred_lft forever
4: sit0@NONE: <NOARP> mtu 1480 qdisc noop state DOWN group default qlen 1
    link/sit 0.0.0.0 brd 0.0.0.0
5: can0: <NOARP,ECHO> mtu 16 qdisc noop state DOWN group default qlen 10
    link/can
6: can1: <NOARP,ECHO> mtu 16 qdisc noop state DOWN group default qlen 10
    link/can
7: can2: <NOARP,ECHO> mtu 16 qdisc noop state DOWN group default qlen 10
    link/can
8: docker0: <NO-CARRIER,BROADCAST,MULTICAST,UP> mtu 1500 qdisc noqueue state
    link/ether 02:42:f0:d9:d4:29 brd ff:ff:ff:ff:ff:ff
    inet 128.128.0.1/16 brd 128.128.255.255 scope global docker0
       valid_lft forever preferred_lft forever
kylin@kylin-Phytium-FT2000-4:~$ ping www.baidu.com
PING www.a.shifen.com (14.215.177.38) 56(84) bytes of data.
64 bytes from 14.215.177.38: icmp_seq=1 ttl=55 time=10.6 ms
64 bytes from 14.215.177.38: icmp_seq=2 ttl=55 time=8.86 ms
```

图 4-7　查看 IP 地址和连接互联网状态

```
root@kylin-Phytium-FT2000-4:/home/kylin# apt-get update
命中:1 http://archive.kylinos.cn/kylin/KYLIN-ALL 10.0 InRelease
命中:2 http://archive2.kylinos.cn/deb/kylin/production/PART-V10/custom/partner/V10
正在读取软件包列表... 完成
root@kylin-Phytium-FT2000-4:/home/kylin# apt-get upgrade
正在读取软件包列表... 完成
正在分析软件包的依赖关系树
正在读取状态信息... 完成
正在计算更新... 完成
下列软件包是自动安装的并且现在不需要了:
  apt-clone aptdaemon aptdaemon-data dpkg-repack fcitx-frontend-qt4
  gir1.2-javascriptcoregtk-4.0 gir1.2-json-1.0 gir1.2-timezonemap-1.0
  gir1.2-vte-2.91 gir1.2-webkit2-4.0 gir1.2-xkl-1.0 hplip-data laptop-detect
  libfcitx-qt0 libido3-0.1-0 libiw30 libqtassistantclient4 libqtwebkit4
  libsane-hpaio libtimezonemap-data libtimezonemap1 mokutil python-pwquality
  python-qt4 python-sip python3-aptdaemon python3-aptdaemon.gtk3widgets
  python3-defer python3-icu python3-pam python3-pexpect python3-ptyprocess
  python3-pyudev rdate
使用'sudo apt autoremove'来卸载它(它们)。
下列软件包的版本将保持不变:
  caja engrampa gparted ksc-defender kylin-display-switch
  kylin-software-center kysec kysec-auth kysec-common-dev kysec-daemon
  kysec-sync-daemon kysec-utils kyseclog-daemon libkysec libkysec-adv
  libkysec-core libkysec-extend libkysecwhlist security-switch
  youker-assistant
下列软件包将被升级:
  biometric-driver-yw176 hplip qaxbrowser-safe-stable sogouimebs
升级了 4 个软件包，新安装了 0 个软件包，要卸载 0 个软件包，有 20 个软件包未被升级。
需要下载 284 MB 的归档。
解压缩后会消耗 123 MB 的额外空间。
您希望继续执行吗? [Y/n] y
```

图 4-8　更新对应列表和软件

（6）更新完就可以正常通过串口进入系统了。

4．其他方式登录开发板系统

macOS 操作系统也可以利用系统自带终端通过指令 ls /dev/tty.* 获取本地的串口列表。使用 screen 指令 screen /dev/tty.usbserial-xxxx 115200 登录开发板系统。其中，usbserial-xxxx 为串口号，可在串口列表中查看；115200 为波特率。如果出现 can not open line usbserial-xxxx for R/W::Resourse busy 的提示，就表示资源被占用，可以先使用指令 ps -f 找到 screen /dev/tty.usbserial-xxxx 115200 条目对应的 PID，再使用指令 kill PID 将该进程关闭，之后重新使用 screen 指令登录开发板即可。

4.1.2　使用 SSH 登录开发板系统

在使用 SSH（Secure Shell，安全外壳）登录开发板系统之前，需要先将开发板接入网络，使用有线和无线方式均可。如果使用有线方式接入局域网，那么需要先用网线将开发板网口与路由器连接，并在路由器中查看开发板是否成功接入网络并获取开发板的 IP 地址。然后激活 SSH 使用软件后再通过网络 IP 登录开发板系统。使用 SSH 登录开发板系统不适用于首次登录。

开发板启动后，将开发板接入网络，就可以使用 SSH 登录开发板系统。Root 用户名为 root，密码为 Test@123。

1．使用 SSH 登录开发板系统具体操作

在笔记本电脑或上位机终端（Windows 的命令提示行/macOS 的端口）输入登录指令，具体指令如下：

```
ssh chen@192.168.159.140
```

其中，chen 为登录用户名；192.168.159.140 为开发板的 IP 地址。在实际操作时应在局域网中查看开发板的实际网络 IP 地址。

之后，按 Enter 键，输入密码，按 Enter 键，完成登录。详细登录信息如图 4-9 所示。

```
C:\Users\    >ssh chen@192.168.159.140
chen@192.168.159.140's password:
Welcome to Ubuntu 22.04 LTS (GNU/Linux 5.15.0-48-generic x86_64)
```

图 4-9　详细登录信息

2. 使用 SSH 登录开发板系统的问题解决方案

如果在使用 SSH 登录开发板系统的过程中遇到问题，那么可通过以下操作来解决。

（1）使用网线或 Wi-Fi 使开发板连网。

（2）切换至 Root 用户：

```
sudo -s
```

（3）卸载开发板已内置的 SSH 使用软件：

```
apt remove openssh-server -y
```

（4）安装 SSH 使用软件：

```
apt install openssh-server -y
```

（5）查看 SSH 服务状态：

```
systemctl status ssh
```

SSH 服务状态信息如图 4-10 所示，显示 active （running）说明 SSH 服务已启动成功。

```
● ssh.service - OpenBSD Secure Shell server
     Loaded: loaded (/lib/systemd/system/ssh.service; enabled; vendor preset: enabled)
     Active: active (running) since Thu 2022-10-06 10:00:40 CST; 9s ago
       Docs: man:sshd(8)
             man:sshd_config(5)
   Main PID: 3469 (sshd)
      Tasks: 1 (limit: 4584)
     Memory: 1.7M
        CPU: 11ms
     CGroup: /system.slice/ssh.service
             └─3469 "sshd: /usr/sbin/sshd -D [listener] 0 of 10-100 startups"
```

图 4-10　SSH 服务状态信息

（6）打开 SSH 配置文件：

```
vim /etc/ssh/sshd_config
```

定位到如下内容：

```
# Authentication:
#LoginGraceTime 2m
#PermitRootLogin prohibit-password
#StrictModes yes
#MaxAuthTries 6
#MaxSessions 10
```

将对应内容更改为如下配置：

```
# Authentication:
```

```
#LoginGraceTime 2m
#PermitRootLogin prohibit-password
PermitRootLogin yes
StrictModes yes
#MaxAuthTries 6
#MaxSessions 10
```

（7）重启 SSH 服务：

```
service ssh restart
```

（8）更改防火墙配置。若以后无法连接 SSH，执行如下两行指令：

```
iptables -P INPUT ACCEPT
iptables -F
```

（9）查看防火墙状态：

```
iptables -L | more
```

防火墙状态信息如图 4-11 所示。若第一行显示 Chain INPUT（policy ACCEPT），则说明防火墙已清空；若第一行显示 Chain INPUT（policy DROP），则重新执行步骤（8）。

```
root@kylin-phytium-FT2000-4:~# iptables -L | more
Chain INPUT (policy ACCEPT)
target     prot opt source               destination

Chain FORWARD (policy ACCEPT)
target     prot opt source               destination

Chain OUTPUT (policy ACCEPT)
target     prot opt source               destination
```

图 4-11　防火墙状态信息

（10）查看开发板 IP 地址：

```
ifconfig
```

开发板 IP 地址信息如图 4-12 所示。

```
root@kylin-phytium-FT2000-4:~# ifconfig
ens33: flags=4163<UP,BROADCAST,RUNNING,MULTICAST>  mtu 1500
        inet 192.168.159.140  netmask 255.255.255.0  broadcast 192.168.159.255
        inet6 fe80::b34a:ac93:a675:3987  prefixlen 64  scopeid 0x20<link>
        ether 00:0c:29:8f:7a:ba  txqueuelen 1000  (Ethernet)
        RX packets 2835  bytes 1324842 (1.3 MB)
        RX errors 0  dropped 0  overruns 0  frame 0
        TX packets 613  bytes 70141 (70.1 KB)
        TX errors 0  dropped 0 overruns 0  carrier 0  collisions 0

lo: flags=73<UP,LOOPBACK,RUNNING>  mtu 65536
        inet 127.0.0.1  netmask 255.0.0.0
        inet6 ::1  prefixlen 128  scopeid 0x10<host>
        loop  txqueuelen 1000  (Local Loopback)
        RX packets 209  bytes 19947 (19.9 KB)
        RX errors 0  dropped 0  overruns 0  frame 0
        TX packets 209  bytes 19947 (19.9 KB)
        TX errors 0  dropped 0 overruns 0  carrier 0  collisions 0
```

图 4-12　开发板 IP 地址信息

（11）使用 Putty 或 XShell 等软件连接 SSH，登录信息如图 4-9 所示。

（12）打开开机自动关闭防火墙配置文件 fhq.sh：

```
sudo -s
cd /etc/profile.d
```

```
vim fhq.sh
```

在文件中添加如下内容：

```
iptables -P INPUT ACCEPT
iptables -F
```

退出配置文件 fhq.sh 后，修改文件权限：

```
chmod +x fhq.sh
```

4.1.3 无线接入局域网

如果使用无线接入局域网，就需要将 USB 无线网卡插入开发板任意一个 USB 接口，通过串口或其他方式登录开发板系统进行如下配置。

（1）将开发板系统终端切换到 Root 用户（后面的操作均在 Root 用户下进行）：

```
sudo -s
```

（2）安装 nmcli 工具包：

```
apt update
apt install nmcli -y
```

（3）查看网络设备，判断 Wi-Fi 是否可用：

```
nmcli dev
```

网络设备信息如图 4-13 所示。

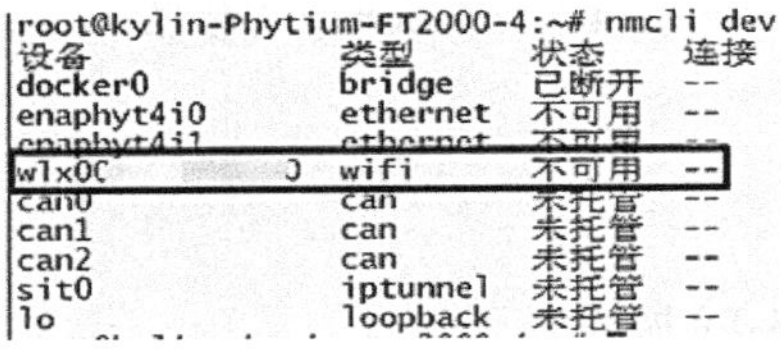

```
root@kylin-Phytium-FT2000-4:~# nmcli dev
设备             类型        状态      连接
docker0          bridge      已断开    --
enaphyt4i0       ethernet    不可用    --
enaphyt4i1       ethernet    不可用    --
wlx0C            wifi        不可用    --
can0             can         未托管    --
can1             can         未托管    --
can2             can         未托管    --
sit0             iptunnel    未托管    --
lo               loopback    未托管    --
```

图 4-13　网络设备信息

（4）开启 Wi-Fi 功能：

```
nmcli r wifi on
```

（5）再次查看网络设备判断 Wi-Fi 状态。图 4-14 显示 Wi-Fi 已断开，证明 Wi-Fi 开启成功。

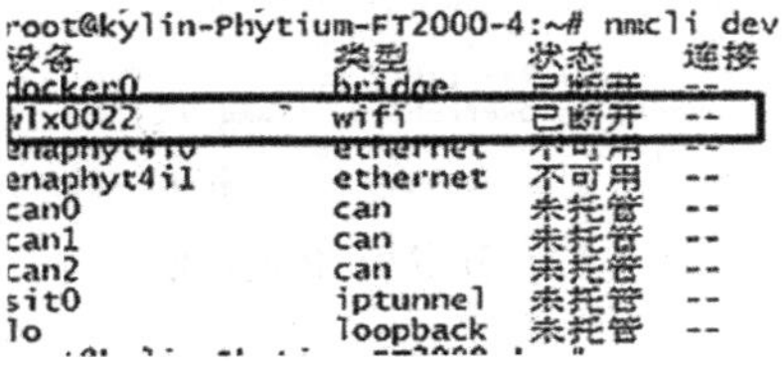

```
root@kylin-Phytium-FT2000-4:~# nmcli dev
设备             类型        状态      连接
docker0          bridge      已断开    --
wlx0022          wifi        已断开    --
enaphyt4i0       ethernet    不可用    --
enaphyt4i1       ethernet    不可用    --
can0             can         未托管    --
can1             can         未托管    --
can2             can         未托管    --
sit0             iptunnel    未托管    --
lo               loopback    未托管    --
```

图 4-14　查看 Wi-Fi 状态

（6）扫描 Wi-Fi 信息：

```
nmcli dev wifi
```

Wi-Fi 信息如图 4-15 所示。

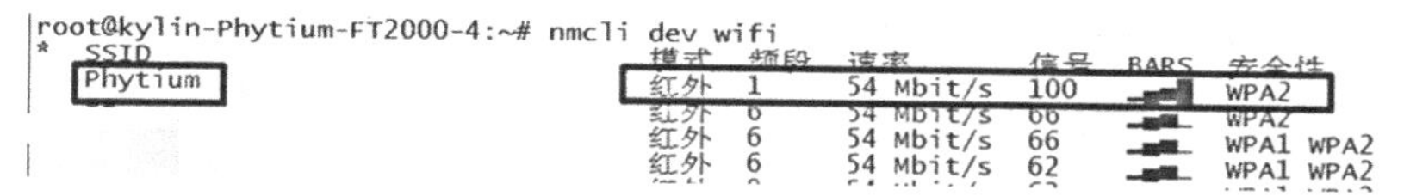

图 4-15　Wi-Fi 信息

（7）Wi-Fi 连接指令格式如下：

```
nmcli dev wifi connect 【Wi-Fi 名称】password 【Wi-Fi 密码】
```

以 Wi-Fi 名称为 Phytium，Wi-Fi 密码为 phytium66 进行连接：

```
nmcli dev wifi connect Phytium password phytium66
```

图 4-16 显示设备已成功激活，即 Wi-Fi 连接成功。

```
root@kylin-Phytium-FT2000-4:~# nmcli dev wifi connect Phytium password phytium66
设备 "wlx0022c0266040" 已成功由"bf39b073-c4e6-4fc6-8a94-8a514769cbe3"激活 。
root@kylin-Phytium-FT2000-4:~#
```

图 4-16　Wi-Fi 连接成功

（8）查看通过 nmcli dev 指令得到 Wi-Fi 设备名称的 IP 地址：

```
ifconfig
```

开发板的 IP 地址如图 4-17 所示。

```
wlx0022c0266040 Link encap:以太网  硬件地址 00:22:c0:26:60:40
          inet 地址:192.168.191.2  广播:192.168.191.255  掩码:255.255.255.
          inet6 地址: fe80::3733:1831:c3fa:e2c1/64 Scope:Link
          UP BROADCAST RUNNING MULTICAST  MTU:1500  跃点数:1
          接收数据包:384 错误:0 丢弃:0 过载:0 帧数:0
          发送数据包:849 错误:0 丢弃:0 过载:0 载波:0
          碰撞:0 发送队列长度:1000
          接收字节:60695 (60.6 KB)  发送字节:126243 (126.2 KB)
```

图 4-17　开发板的 IP 地址

4.1.4　开发板关机

开发板关机流程如下所示。

（1）在开发板系统终端输入 poweroff 指令。

（2）等待 5s 直到所有程序关闭。

（3）拔掉 19 V 电源适配器，使开发板断电。

4.2　安装相关软件

1．安装 Vim

Vim 是 Linux 最早的编辑器，它使用控制台图形模式来模拟文本编辑窗口，允许查看文件中的行，可以在文件中进行移动、插入、编辑和替换文本操作。Vim 比普通编辑器更高效（全键盘操作），被广泛使用。Vim 使用指令与组合键代替鼠标与键盘操作，提高了程序员和文字录入员的效率。Vim 有很多模式，各模式间可以相互转换，常用模式包括普通模式（Normal Mode）、插入模式（Insert Mode）、可视模式（Visual Mode）、命令行模式（Command Line Mode）等。

安装 Vim 的指令：

```
sudo apt-get install vim
```

2. 安装 build-essential 软件包

Ubuntu 系统没有提供 C/C++的编译环境，因此需要手动安装。单独安装 gcc 及 g++是比较麻烦的，Ubuntu 系统提供了 build-essential 软件包。只要安装了 build-essential 软件包，编译 C/C++需要的软件包就会被安装。

安装 build-essential 的指令：

```
sudo apt install build-essential
```

4.3 更新固件

4.3.1 升级 BIOS 固件

（1）将带 BIOS 固件的 U 盘插入开发板的 USB 接口，开机，按 F2 键进入 BIOS 引导界面，如图 4-18 所示，选择 Update Bios 选项，进入自动检索升级。

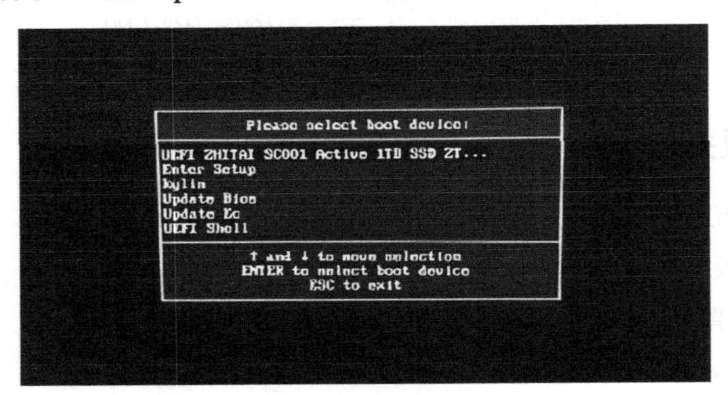

图 4-18　BIOS 引导界面

（2）拆卸开发板 BIOS 芯片，使用刻录工具来升级 BIOS 固件（BIOS 如果没有损坏或厂家没有升级需求，不建议升级尝试）。

4.3.2 刻录启动盘

在日常生活中，我们常常会接触到光盘映像文件，甚至需要亲自制作光盘映像文件。常见的光盘映像文件格式是 ISO，这种格式的光盘映像文件可以很好地保留光盘的全部信

息，并且可以直接使用刻录软件刻录到光盘，或者在虚拟光驱中使用。本书使用的刻录软件是 UltraISO，这是一款光盘映像文件制作、编辑、格式转换工具。

刻录启动盘步骤如下。

（1）打开 UltraISO 软件。

（2）选择菜单栏中的“文件”命令，选择“打开”选项，如图 4-19 所示，找到需要刻录的系统文件并单击。

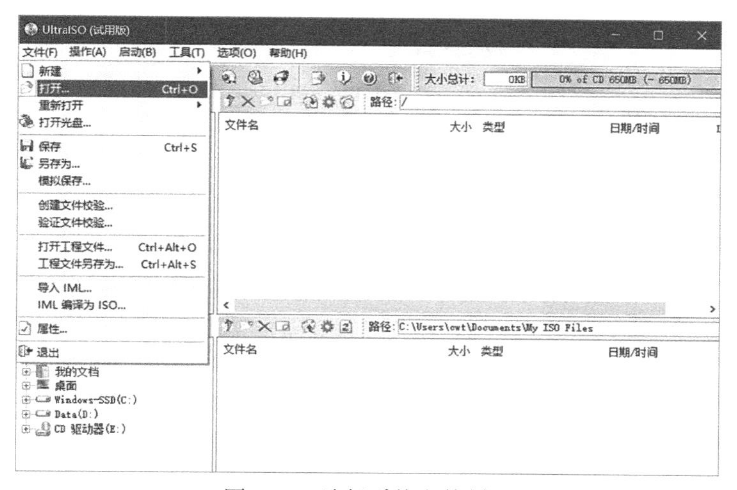

图 4-19　选择系统文件刻录

（3）选择菜单栏中的“启动”命令，选择“写入硬盘映像”选项，如图 4-20 所示，打开“写入硬盘映像”对话框。

图 4-20　写入硬盘映像

（4）单击“格式化”按钮，打开“格式化”对话框，如图 4-21 所示，单击“开始”按钮，将 U 盘格式化（注意文件系统格式和容量信息）。

（5）格式化完成后，在“写入硬盘映像”对话框中单击“刻录”按钮，进行刻盘操作。完成刻录后，再次开机启动时选择 U 盘启动即可。

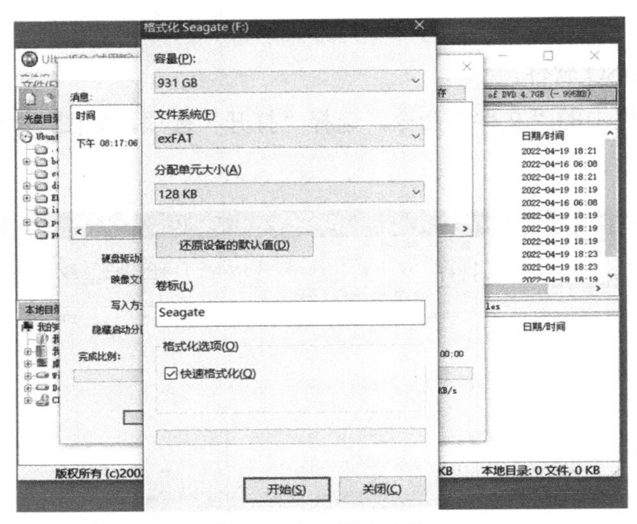

图 4-21　U 盘格式化

4.4 操作系统

飞腾教育开发板已经预装了银河麒麟系统，如果需要重装系统，可以参考如下操作。

4.4.1 安装银河麒麟系统

（1）双击桌面上的“安装 Kylin-Desktop-V10”图标，进入安装引导界面。在如图 4-22 所示的语言界面选择语言。

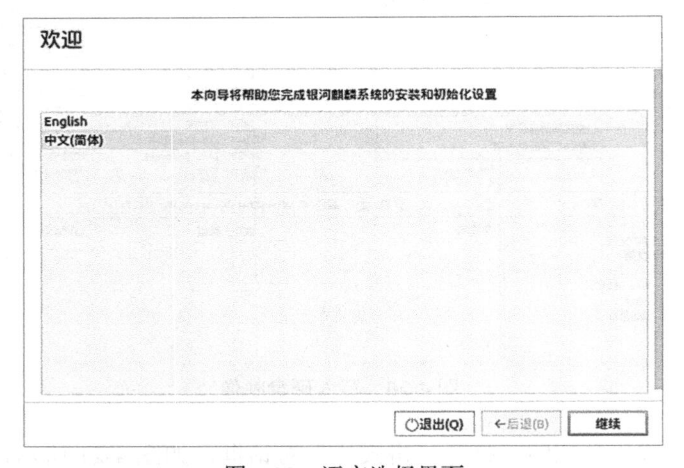

图 4-22　语言选择界面

（2）单击“继续”按钮，勾选同意许可协议，单击“继续”按钮，进入选择安装途径界面，如图 4-23 所示。

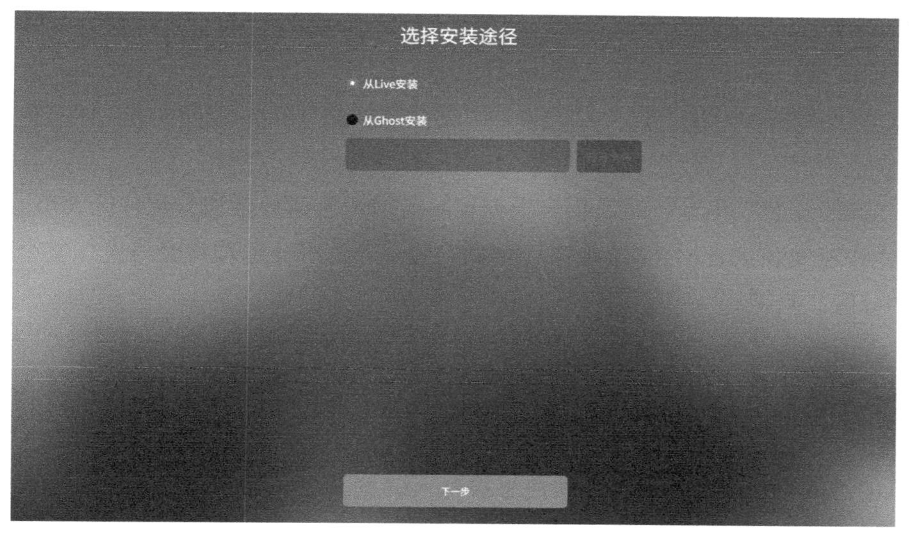

图 4-23　选择安装途径界面

（3）单击“从 Live 安装”单选按钮，单击“下一步”按钮，进入安装类型界面，如图 4-24 所示。

图 4-24　安装类型界面

（4）在安装类型界面设置操作系统数据盘，以下是对 4 个选项的详细介绍。

① “创建备份还原分区”复选框：挂载点为/backup。勾选此复选框后，若单击“快速安装 Kylin”单选按钮，则分区大小默认与根分区大小相同。只有创建了备份还原分区，备

份还原功能才可以使用。备份还原功能对用户恢复数据或系统非常有帮助，建议创建。

② “创建数据盘”复选框：挂载点为/data。勾选此复选框后，若单击“快速安装 Kylin”单选按钮，则分区大小为整个磁盘除其他分区外的所有空间。/data 类似于 Windows 中除 C 盘外的其他盘符。建议勾选此复选框。

注意，“创建备份还原分区”复选框和“创建数据盘”复选框的勾选是针对快速安装的设置。

③ “高级安装”单选按钮：用户根据实际需求，创建分区和分配分区大小。

④ “快速安装 Kylin”单选按钮：全盘安装，若选择此选项将会格式化整个磁盘，并进行自动分区。

建议新手单击“快速安装 Kylin”单选按钮。

（5）在安装类型界面完成设置后，单击“继续”按钮（此时磁盘已经被格式化并重新分区），进入创建用户信息界面，如图 4-25 所示。正确填写相关信息后，“继续”按钮由灰变亮，单击“继续”按钮，此时系统信息被写入磁盘。

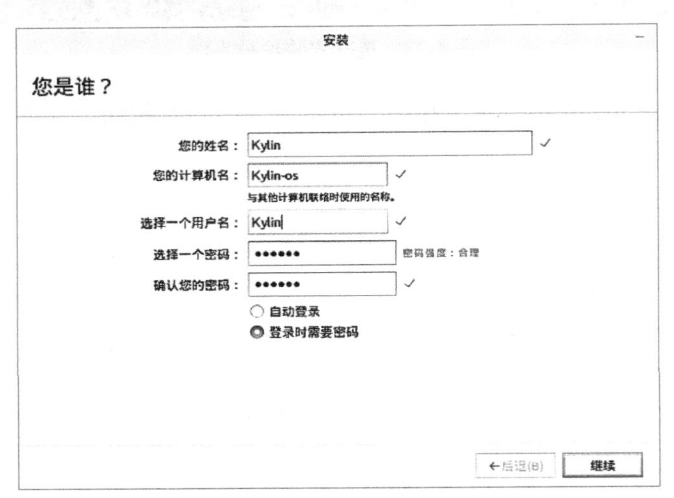

图 4-25　创建用户信息界面

（6）安装完成后，会弹出如图 4-26 所示的提示窗口。

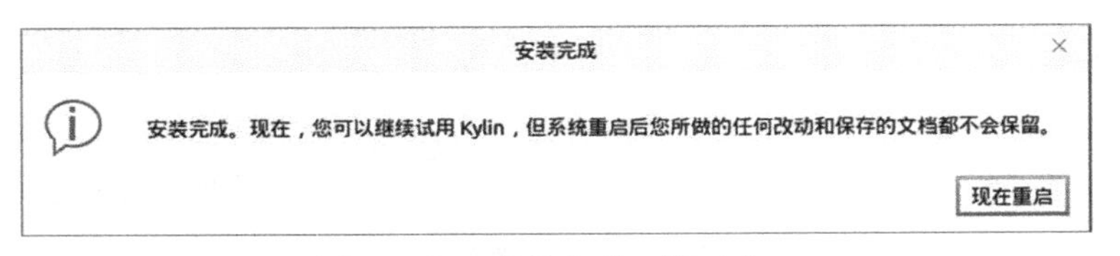

图 4-26　“安装完成”提示窗口

（7）单击“现在重启”按钮，计算机将重启。在重启过程中系统会自动弹出光驱或提示拔出 U 盘。弹出光驱或拔出 U 盘后，等待系统进入登录界面，在登录界面输入密码，按 Enter 键登录系统。

4.4.2　安装 debian 系统

（1）将刻录好的 U 盘插入 USB 接口，开机进入 BIOS 引导界面，按 F2 键进入快速启动界面。

（2）选择 U 盘启动，进入 GRUB 系统安装引导界面。

（3）进入 debian 系统安装引导界面，如图 4-27 所示，默认选择第一个图形化安装界面，按 Enter 键确定。

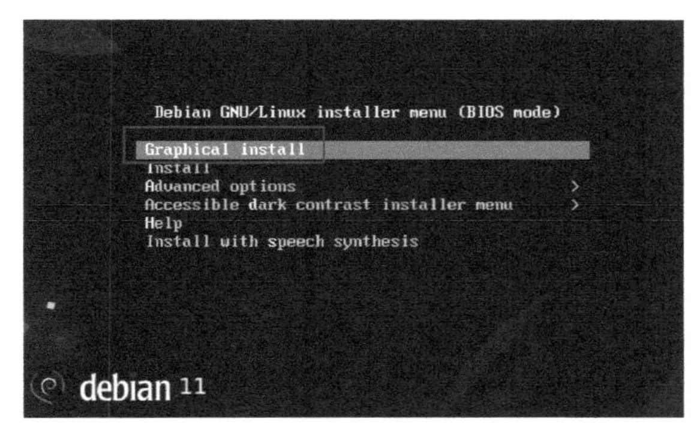

图 4-27　debian 系统安装引导界面

（4）在如图 4-28 所示的语言选择界面选择语言。这里选择“中文（简体）”选项，单击 Continue 按钮。

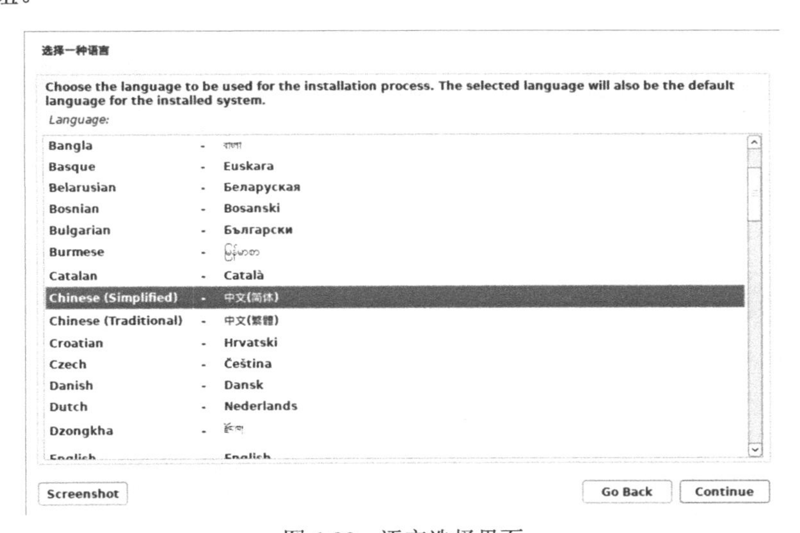

图 4-28　语言选择界面

（5）在如图 4-29 所示的区域选择界面选择所在区域。这里选择“中国”选项，单击“继续”按钮。

（6）在如图 4-30 所示的键盘映射配置界面配置系统键盘映射。保持默认选项——“汉语”，单击“继续”按钮。

（7）在如图 4-31 所示的主机名设置界面设置主机名。默认主机名为 debian，保持不变，单击“继续”按钮。

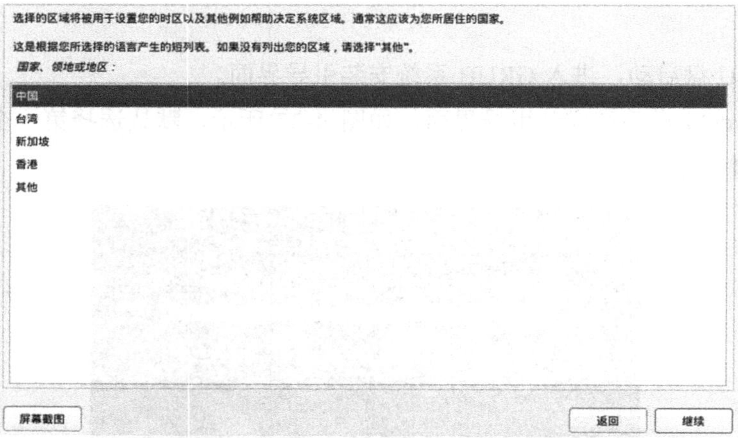

图 4-29　区域选择界面

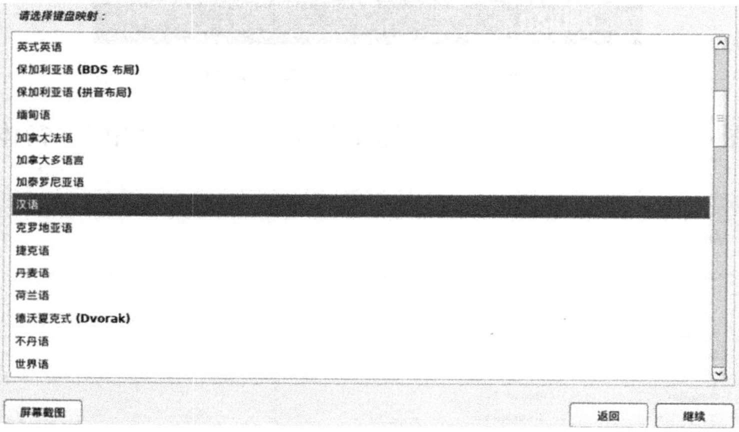

图 4-30　键盘映射配置界面

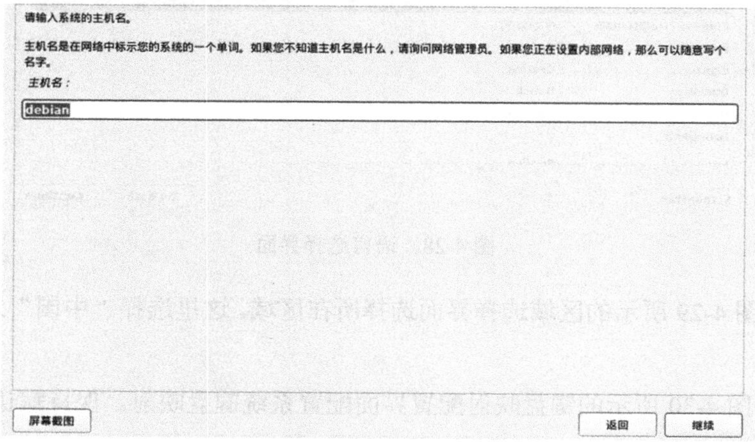

图 4-31　主机名设置界面

（8）在如图 4-32 所示的域名设置界面设置域名。此步操作不影响安装，这里保持默认名称 localdomain，单击“继续”按钮。

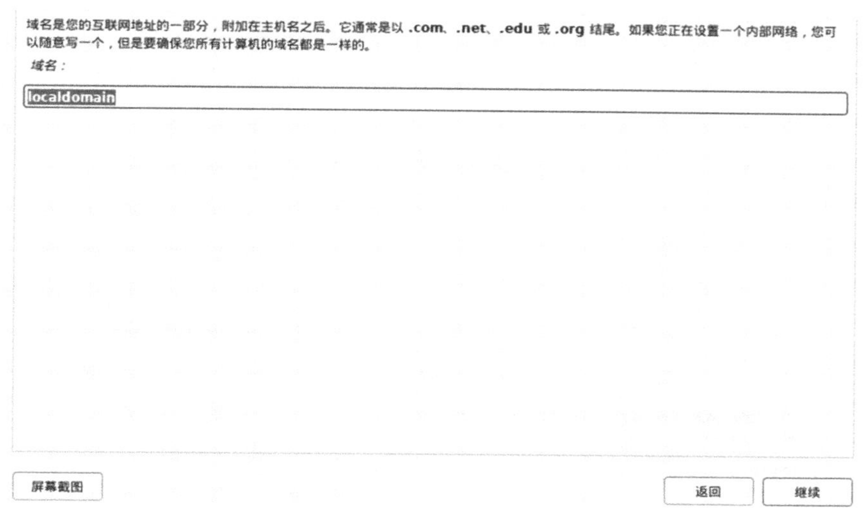

图 4-32　域名设置界面

（9）在如图 4-33 所示的界面设置 Root 用户密码，设置完成后单击“继续”按钮。

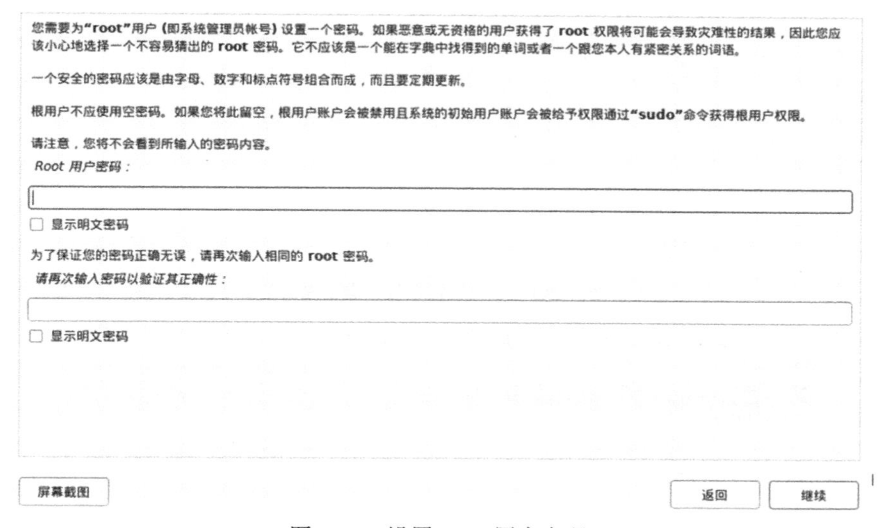

图 4-33　设置 Root 用户密码

（10）在如图 4-34（a）所示的界面设置普通用户名，设置完成后单击“继续”按钮；在如图 4-34（b）所示界面设置普通用户密码，设置完成后单击“继续”按钮。

（11）在如图 4-35 所示的时区选择界面设置系统时区，设置完成后单击“继续”按钮。

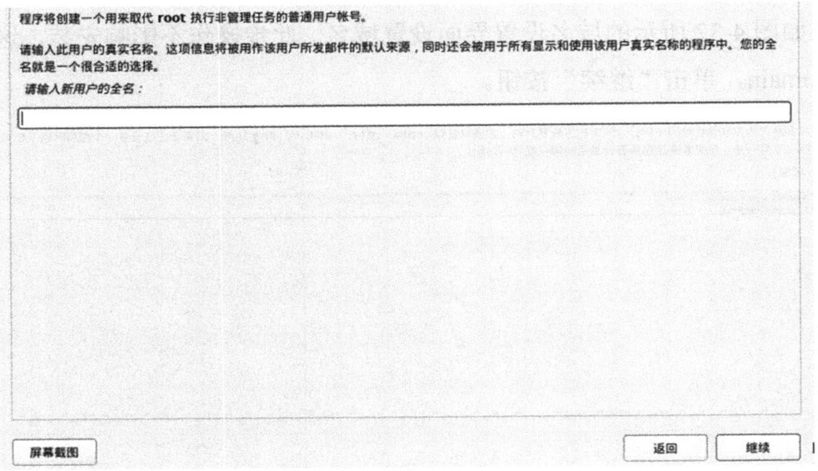

程序将创建一个用来取代 root 执行非管理任务的普通用户帐号。

请输入此用户的真实名称。这项信息将被用作该用户所发邮件的默认来源，同时还会被用于所有显示和使用该用户真实名称的程序中。您的全名就是一个很合适的选择。

请输入新用户的全名：

屏幕截图　　返回　　继续

（a）

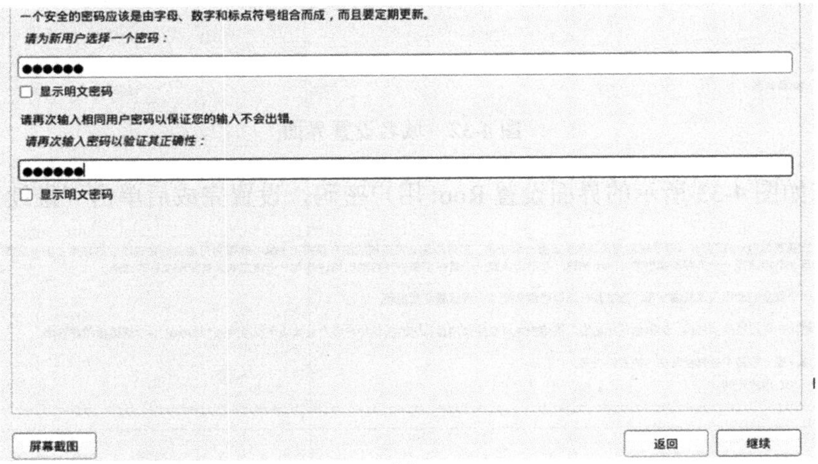

一个安全的密码应该是由字母、数字和标点符号组合而成，而且要定期更新。

请为新用户选择一个密码：

●●●●●●

□ 显示明文密码

请再次输入相同用户密码以保证您的输入不会出错。

请再次输入密码以验证其正确性：

●●●●●●

□ 显示明文密码

屏幕截图　　返回　　继续

（b）

图 4-34　设置普通用户名和密码

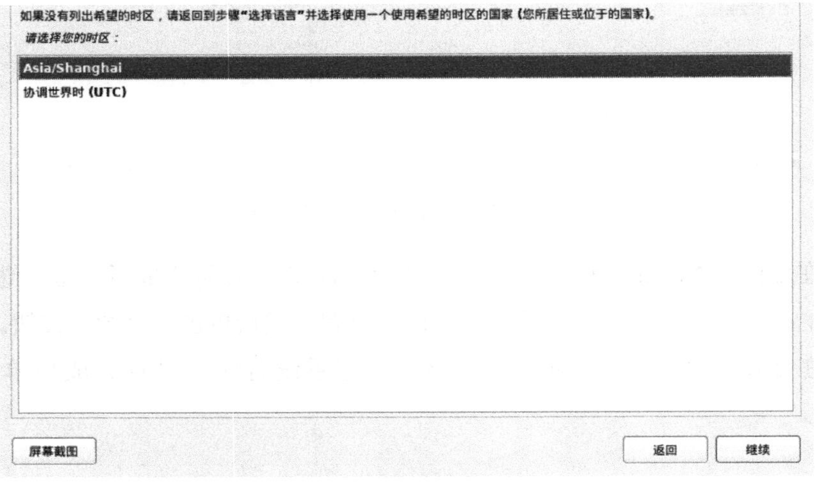

如果没有列出希望的时区，请返回到步骤"选择语言"并选择使用一个使用希望的时区的国家（您所居住或位于的国家）。

请选择您的时区：

Asia/Shanghai

协调世界时 (UTC)

屏幕截图　　返回　　继续

图 4-35　时区选择界面

（12）在如图 4-36 所示的磁盘分区界面设置磁盘分区：选择“分区向导”选项，如图 4-36（a）所示，指导磁盘分区操作，单击“继续”按钮；选择“手动”选项，进入手动磁盘分区模式，如果不熟悉手动磁盘分区模式，可以选择“向导-使用整个磁盘”选项，如图 4-36（b）所示，以进行自动分区。

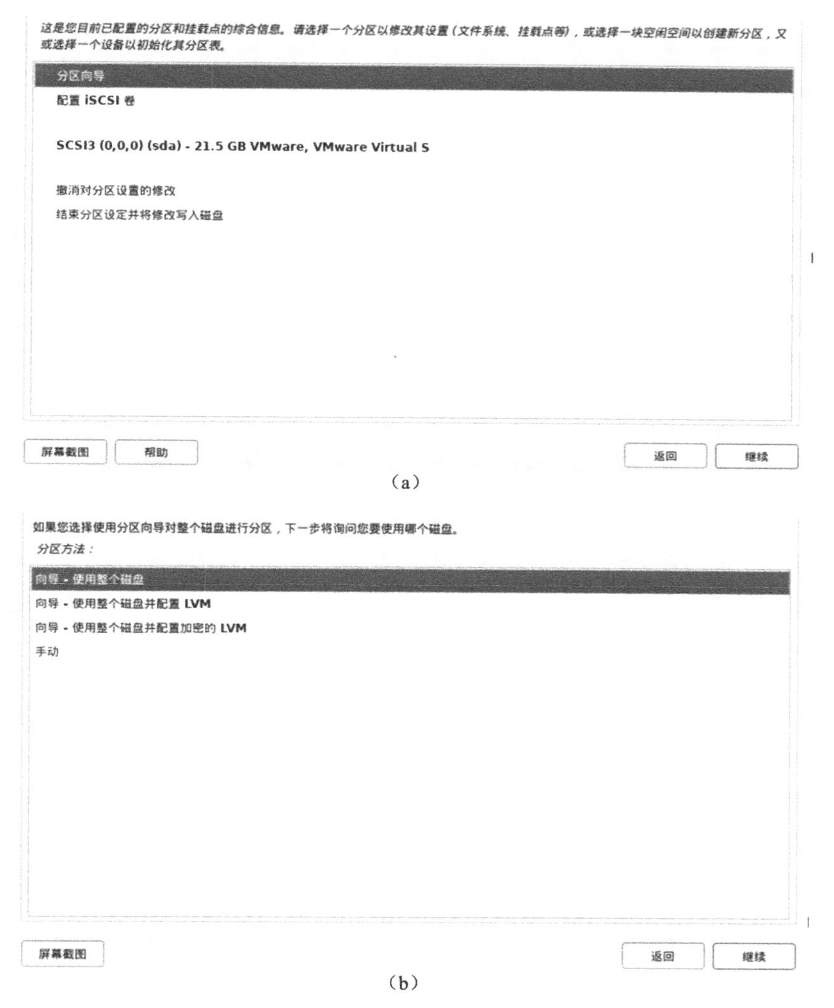

（a）

（b）

图 4-36　磁盘分区界面

（13）选择“向导-使用整个磁盘”选项，单击“继续”按钮，开始安装。

① 选择要安装的磁盘，单击“继续”按钮，如图 4-37 所示。

② 在如图 4-38 所示的界面选择磁盘的分区方式，这里选择“将所有文件放在同一个分区中（推荐新手使用）”选项，单击“继续”按钮。

③ 核查分区方案，如图 4-39 所示。这里主要执行在前面步骤中设定的分区方案，如果想重新分区，在这一步单击“返回”按钮，重新设置；如果没有问题，就单击“继续”按钮。

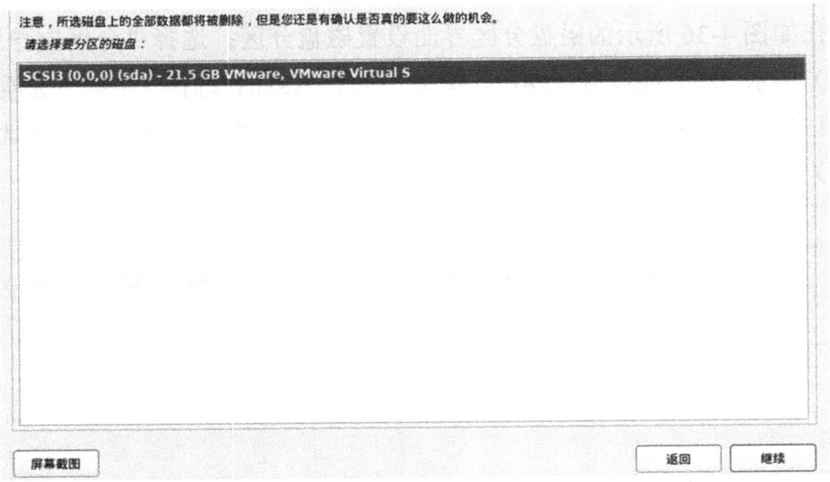

注意，所选磁盘上的全部数据都将被删除，但是您还是有确认是否真的要这么做的机会。
请选择要分区的磁盘：
SCSI3 (0,0,0) (sda) - 21.5 GB VMware, VMware Virtual S
屏幕截图
返回
继续

图 4-37　选择要分区的磁盘

选定要分区：
SCSI3 (0,0,0) (sda) - VMware, VMware Virtual S: 21.5 GB
该磁盘可以使用以下数种不同方式来进行分区。如果您不确定，请选择第一个。
分区方案：
将所有文件放在同一个分区中（推荐新手使用）
将 /home 放在单独的分区
将 /home、/var 和 /tmp 都分别放在单独的分区
屏幕截图
返回
继续

图 4-38　选择磁盘的分区方式

这是您目前已配置的分区和挂载点的综合信息。请选择一个分区以修改其设置（文件系统、挂载点等），或选择一块空闲空间以创建新分区，又或选择一个设备以初始化其分区表。
分区向导
软件 RAID 设置
配置逻辑卷管理器
配置加密卷
配置 iSCSI 卷
SCSI3 (0,0,0) (sda) - 21.5 GB VMware, VMware Virtual S
> #1 主 20.4 GB f ext4 /
> #5 逻辑 1.0 GB f swap swap
撤消对分区设置的修改
结束分区设定并将修改写入磁盘
屏幕截图
帮助
返回
继续

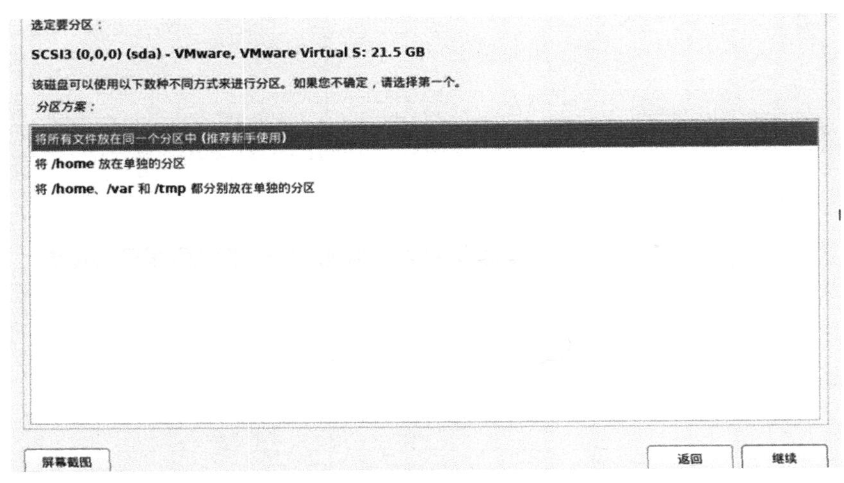

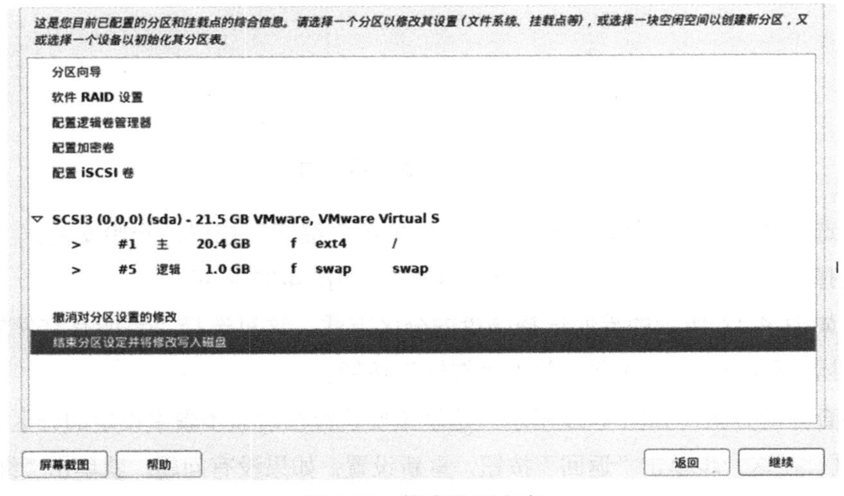

图 4-39　核查分区方案

④ 核查分区方案，若无误，则单击“是”单选按钮，进行写入磁盘操作，如图 4-40 所示，单击“继续”按钮。

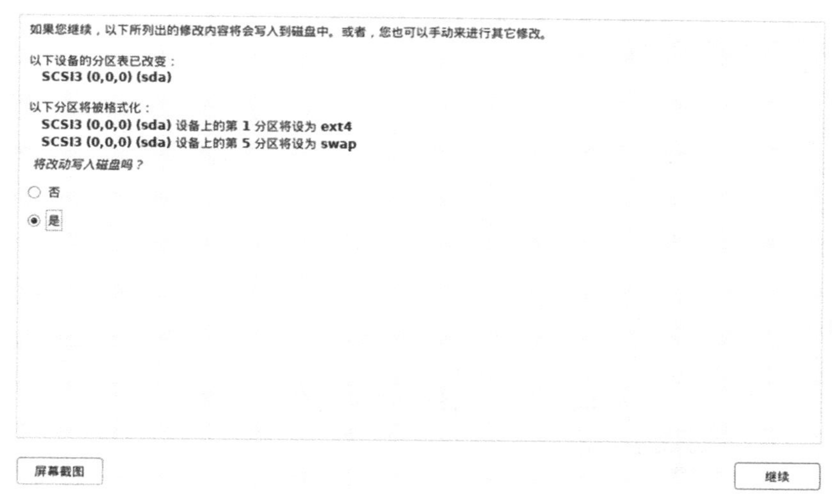

图 4-40　确认执行分区方案

⑤ 确定是否扫描额外的安装介质，如图 4-41 所示，默认选择“否”选项，设置完成后，单击“继续”按钮。

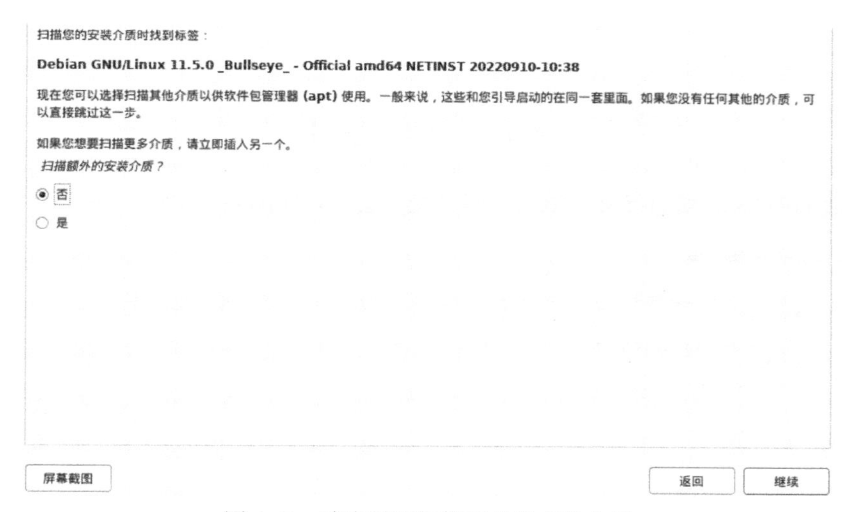

图 4-41　确定是否扫描额外的安装介质

⑥ 确定是否参加软件包流行度调查，如图 4-42 所示，这里默认选择“否”选项，单击“继续”按钮。

⑦ 选择安装软件，勾选如图 4-43 所示的四个选项对应的复选框。勾选 SSH server 复选框是为了可以使用用户 SSH 客户端软件进行连接，以便操作命令和上传/下载文件。设置完成后，单击“继续”按钮。

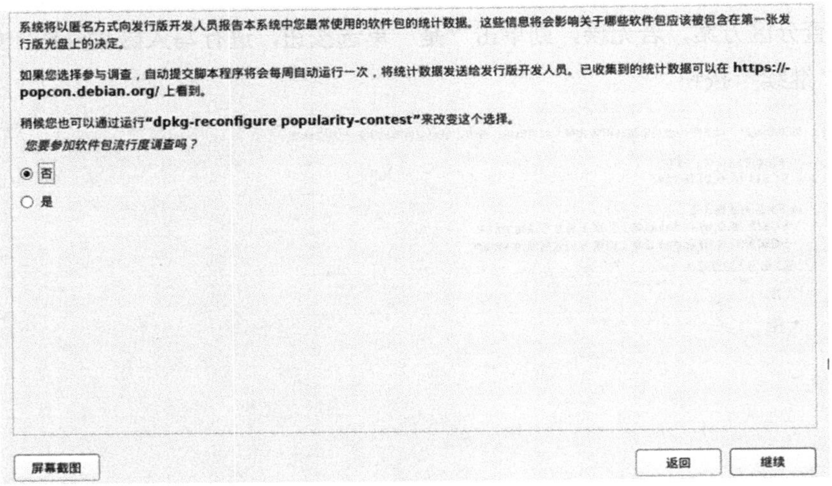

系统将以匿名方式向发行版开发人员报告本系统中您最常使用的软件包的统计数据。这些信息将会影响关于哪些软件包应该被包含在第一张发行版光盘上的决定。

如果您选择参与调查，自动提交脚本程序将会每周自动运行一次，将统计数据发送给发行版开发人员。已收集到的统计数据可以在 https://popcon.debian.org/ 上看到。

稍候您也可以通过运行“dpkg-reconfigure popularity-contest”来改变这个选择。

您要参加软件包流行度调查吗？

◉ 否

○ 是

屏幕截图 返回 继续

图 4-42 确定是否参加软件包流行度调查

☑ Debian desktop environment
☑ ... GNOME
☐ ... Xfce
☐ ... GNOME Flashback
☐ ... KDE Plasma
☐ ... Cinnamon
☐ ... MATE
☐ ... LXDE
☐ ... LXQt
☐ web server
☑ SSH server
☑ standard system utilities

勾选，在SSH客户端连接时会用到

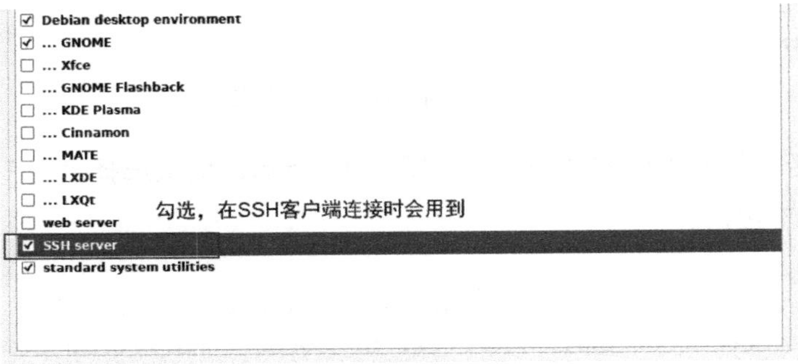

图 4-43 选择安装软件

⑧ 安装 GRUB 启动引导器，默认选择“是”选项，如图 4-44 所示，单击“继续”按钮。

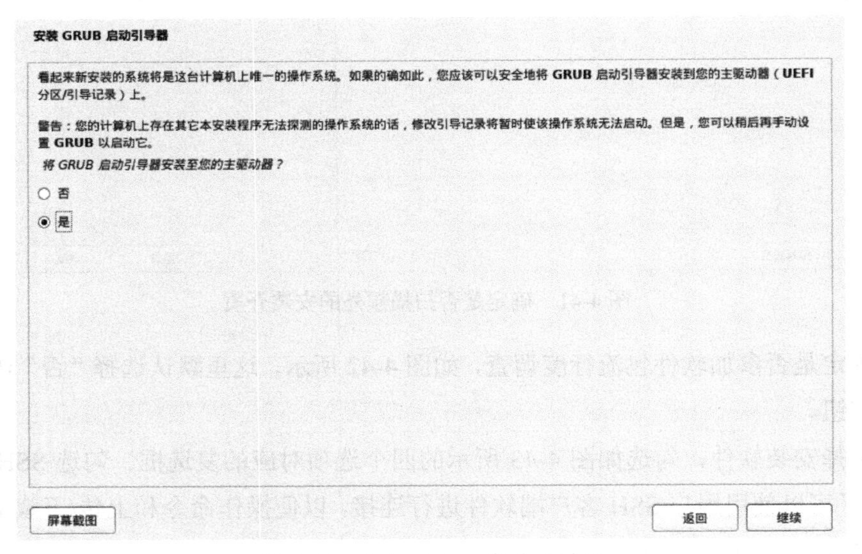
安装 GRUB 启动引导器
看起来新安装的系统将是这台计算机上唯一的操作系统。如果的确如此，您应该可以安全地将 GRUB 启动引导器安装到您的主驱动器（UEFI 分区/引导记录）上。
警告：您的计算机上存在其它本安装程序无法探测的操作系统的话，修改引导记录将暂时使该操作系统无法启动。但是，您可以稍后再手动设置 GRUB 以启动它。
将 GRUB 启动引导器安装至您的主驱动器？
否
是
屏幕截图
返回
继续

图 4-44 安装 GRUB 启动引导器

⑨ 执行到这一步说明系统已经安装成功，单击“继续”按钮，计算机在重启后将进入 debian 系统。

（14）系统安装完成后，一般需要升级内核，联系开发板厂家下载 debian-10.11.0 linux-4.19.233-101.dt 内核文件进行升级。注意，升级文件应与对应的系统版本一致。

4.4.3　安装 Ubuntu 系统

下载系统文件 ubuntu-18.04.6-server-arm64.iso，并按照 4.3.2 节完成启动盘刻录，之后即可安装 Ubuntu 系统，安装步骤如下。

1．设置启动项

先关闭要安装 Ubuntu 18.04.6 的目标主机，然后将启动盘插入 USB 接口，开机，按相关键进入 BIOS 设置界面（不同的计算机进入 BIOS 设置界面需要按的键不同）。通过方向键选择 Boot Menu 选项、按 Enter 键进入 Boot Manager 界面，选择 EFI USB 作为启动项，按 Enter 键，进入安装程序。选择 Install Ubuntu 选项，按 Enter 键进行安装。

2．正式安装

（1）选择语言：选择“中文简体”选项。

（2）键盘布局：选择“汉语”选项即可。

（3）无线连网（不影响最终安装）。

（4）更新选项：一般只用 Ubuntu 系统来编程或部署项目，所以勾选“最小安装”复选框。最下面的两个选项会拖慢安装速度，这些工作可以放到安装完成后集中处理，所以不需要勾选。

（5）选择安装类型：若选择第一个选项和第二个选项，则安装程序会自动分区，安装时更省事。若选择第三个选项和第四个选项，则需要自己手动分区，在安装时会麻烦一些。

手动分区可以使你对系统的分区情况更熟悉，方便后期管理系统。此处选择第一个选项“清除整个磁盘并安装 Ubuntu”，如图 4-45 所示，单击“现在安装”按钮，在弹出的对话框中单击“继续”按钮。

（6）选择时区：国内选择 Shanghai。

（7）创建用户名：若系统为 Linux，则必须设置密码。

（8）安装系统软件：用户名创建完成后，安装程序会安装一些必要的系统软件，整个过程会持续 20～30 分钟。软件安装完成后会弹出提示框。至此，Ubuntu 18.04.4 安装完成。

（9）安装完 Ubuntu 系统后，一般需要升级内核，联系开发板厂家下载 ubuntu-18.04.6_linux-4.19.233-101.dt 内核文件进行升级。注意，升级文件应与对应的系统版本一致。

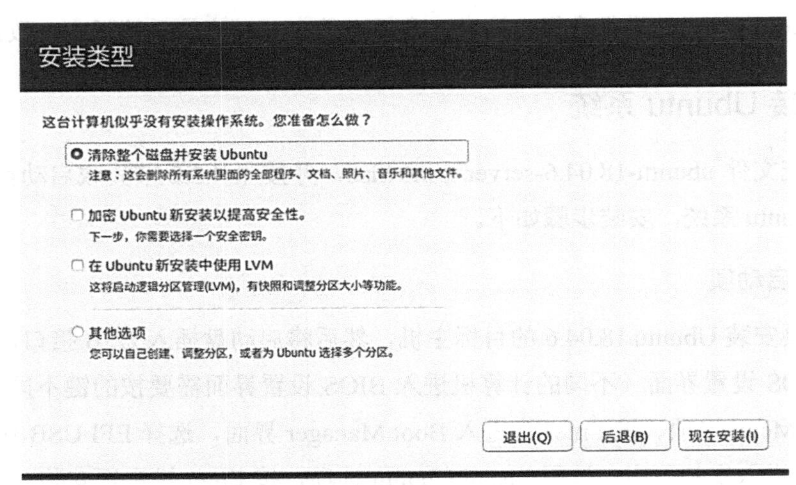

图 4-45　安装类型界面

4.5 TigerVNC 局域网远程桌面

（1）执行 sudo -i 指令，切换至 Root 用户。

（2）安装 TigerVNC 安装包。

① 先把 TigerVNC 安装包文件复制到 debian 系统中，再在终端进入安装包所在路径，输入指令 ls，确认安装包内的文件无误，最后输入指令 dpkg-i*.deb，安装所有 deb 安装包，如图 4-46 所示。

```
root@Kylin:/home/kylin/tigervnc-20180315-arm64# ls
libfltk1.3_1.3.3-4kord_arm64.deb          tigervnc-standalone-server_1.7.0-2kord1k
libfltk-images1.3_1.3.3-4kord_arm64.deb   tigervnc-viewer_1.7.0-2kord1k3_arm64.deb
tigervnc-common_1.7.0-2kord1k3_arm64.deb
root@Kylin:/home/kylin/tigervnc-20180315-arm64# dpkg -i *.deb
正在选中未选择的软件包 libfltk1.3:arm64。
(正在读取数据库 ... 系统当前共安装有 181776 个文件和目录。)
正准备解包 libfltk1.3_1.3.3-4kord_arm64.deb  ...
正在解包 libfltk1.3:arm64 (1.3.3-4kord) ...
正在选中未选择的软件包 libfltk-images1.3:arm64。
正准备解包 libfltk-images1.3_1.3.3-4kord_arm64.deb  ...
```

图 4-46　本地安装 TigerVNC 软件

② 从网上下载安装包完成安装：

```
sudo apt-get install tigervnc-standalone-server
sudo apt-get install tigervnc-common
```

（3）启动远程桌面管理：

```
vncserver
```

注意查看图 4-47 中的方框内的端口号，在连接客户端时需要使用端口号。

```
root@Kylin:/home/kylin/tigervnc-20180315-arm64# vncserver

You will require a password to access your desktops.

Password:
Verify:
Would you like to enter a view-only password (y/n)? y
Password:
Verify:
/usr/bin/xauth:  file /root/.Xauthority does not exist
Creating default startup script /root/.vnc/xstartup

New 'X-root' desktop at Kylin:1

Starting applications specified in /root/.vnc/xstartup
Log file is /root/.vnc/Kylin:1.log
```

图 4-47　启动远程桌面管理

（4）在客户端安装 VNC Viewer 软件。安装完成后双击 VNC Viewer 图标，在 VNC Server 文本框中填入“IP 地址:端口号”，单击 Connect 按钮，在弹出的对话框中的 Password 文本框中输入密码，如图 4-48 所示。

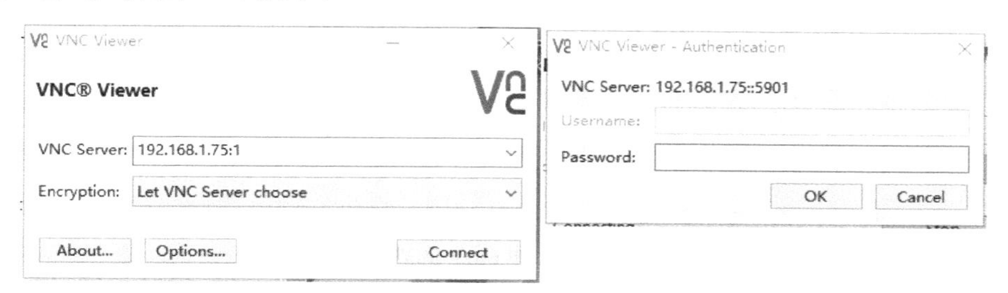

图 4-48　登录 VNC Viewer 软件

（5）单击 OK 按钮即可连接远程桌面，用户默认为 Root 用户。

4.6 更新 Python 至 3.7 版本

在一般情况下，系统自带的 Python 版本较低，根据需求通常需要更新 Python 版本。

（1）下载 Python 安装包。

请到 Python 官网下载 Python 3.7.3 安装包。

（2）新建安装路径：

```
mkdir -p /usr/local/python3
```

解压安装包：

```
tar -zxvf Python-3.7.3.tgz
```

（3）进入解压后的路径，进行编译并安装：

```
cd Python-3.7.3
./configure --prefix=/usr/local/python3 --enable-optimizations
make && make install
```

如果在执行 make install 指令时出现以下报错信息：

```
from _ctypes import Union, Structure, Array ModuleNotFoundError: No module named '_ctypes' Makef
```

就需要安装 libffi-dev 软件包：

```
apt-get install libffi-dev
```

（4）删除 python3、pip3 的软链接指令如下：

```
sudo rm -rf /usr/bin/python3
sudo rm -rf /usr/bin/pip3
```

（5）如图 4-49 所示，安装成功后添加 Python 3 的软链接：

```
sudo ln -s /usr/local/python3/bin/python3.7/usr/bin/python
```

```
root@kylin-Phytium-FT2000:~/Python-3.7.3#  rm -rf /usr/bin/python
root@kylin-Phytium-FT2000:~/Python-3.7.3# ln -s /usr/local/python3/bin/python3.7 /usr/bin/python
root@kylin-Phytium-FT2000:~/Python-3.7.3# python -V
Python 3.7.3
```

图 4-49　添加 Python 3 软链接

（6）如图 4-50 所示，添加 pip3 的软链接：

```
sudo ln -s /usr/local/bin/pip3.7 /usr/bin/pip3.7
```

```
root@kylin-Phytium-FT2000-4:/usr/bin# ln -s /usr/local/bin/pip3.7 /usr/bin/pip3.7
```

图 4-50　添加 pip3 的软链接

（7）查看 Python 版本信息：

```
python -version
```

4.7 更新 gcc 至 9.4.0 版本

（1）新建 gcc 文件夹：

```
mkdir gcc9.4.0
cd gcc9.4.0
```

（2）下载 gcc、gmp、mpfr、mpc 的安装包。

```
wget https://ftp.gnu.org/gnu/gcc/gcc-9.4.0/gcc-9.4.0.tar.xz
wget https://mirrors.tuna.tsinghua.edu.cn/gnu/gmp/gmp-6.2.1.tar.xz
wget https://mirrors.tuna.tsinghua.edu.cn/gnu/mpfr/mpfr-4.1.0.tar.xz
wget https://mirrors.tuna.tsinghua.edu.cn/gnu/mpc/mpc-1.2.1.tar.gz
```

（3）解压 gmp-6.2.1.tar.xz 安装包，进行安装：

```
tar xvf gmp-6.2.1.tar.xz
cd gmp-6.2.1
./configure --prefix=/usr/local/gmp-6.2.1
make -j4
```

```
make install
cd ..
```

（4）解压 mpfr-4.1.0.tar.xz 安装包，进行安装：

```
tar -xvf mpfr-4.1.0.tar.xz
cd mpfr-4.1.0
./configure --prefix=/usr/local/mpfr-4.1.0 --with-gmp=/usr/local/gmp-6.2.1/
make -j4
make install
```

（5）解压 mpc-1.2.1.tar.gz 安装包，进行安装：

```
tar -xvf mpc-1.2.1.tar.gz
cd mpc-1.2.1
./configure --prefix=/usr/local/mpc-1.2.1 --with-gmp=/usr/local/gmp-6.2.1/ --with-mpfr=/usr/local/mpfr-4.1.0
make -j4
make install
```

（6）解压 gcc-9.4.0.tar.gz 安装包，进行安装：

```
tar-xvf gcc-9.4.0.tar.gz
cd gcc-9.4.0/
./configure --prefix=/usr/local/gcc-9.4.0/ --enable-checking=release --enable-languages=c,c++ --disable-multilib --with-gmp=/usr/local/gmp-6.2.1/ --with-mpfr=/usr/local/mpfr-4.1.0/ --with-mpc=/usr/local/mpc-1.2.1/
```

（7）修改配置文件。

输入如下指令打开配置文件：

```
vi /etc/ld.so.conf
```

在文件中添加如下指令：

```
/usr/local/mpfr-4.1.0/lib
```

输入：

```
wq
```

保存文件并退出。

输入：

```
ldconfig
```

运行配置文件。

不执行上述指令，即不运行配置文件，安装 gcc 会报错：

```
libmpfr.so.6: cannot open shared object file: No such file or directory
```

（8）如图 4-51 所示，安装 gcc 软件：

```
make -j4
make install
```

```
If you ever happen to want to link against installed libraries
in a given directory, LIBDIR, you must either use libtool, and
specify the full pathname of the library, or use the '-LLIBDIR'
flag during linking and do at least one of the following:
   - add LIBDIR to the 'LD_LIBRARY_PATH' environment variable
     during execution
   - add LIBDIR to the 'LD_RUN_PATH' environment variable
     during linking
   - use the '-Wl,-rpath -Wl,LIBDIR' linker flag
   - have your system administrator add LIBDIR to '/etc/ld.so.conf'

See any operating system documentation about shared libraries for
more information, such as the ld(1) and ld.so(8) manual pages.
----------------------------------------------------------------------
make[4]: Nothing to be done for 'install-data-am'.
make[4]: Leaving directory '/root/gcc9.4.0/gcc-9.4.0/aarch64-unknown-linux-gnu/libatomic'
make[3]: Leaving directory '/root/gcc9.4.0/gcc-9.4.0/aarch64-unknown-linux-gnu/libatomic'
make[2]: Leaving directory '/root/gcc9.4.0/gcc-9.4.0/aarch64-unknown-linux-gnu/libatomic'
make[1]: Leaving directory '/root/gcc9.4.0/gcc-9.4.0'
root@kylin-Phytium-FT2000-4:~/gcc9.4.0/gcc-9.4.0#
```

图 4-51　安装 gcc 软件

（9）更改软链接。

① 删除旧版本链接：

```
rm /usr/bin/gcc
rm /usr/bin/g++
rm /usr/bin/c++
rm /usr/bin/cc
rm /usr/lib/libstdc++.so.6
```

② 建立软链接：

```
ln -s /usr/local/gcc-9.4.0/bin/gcc /usr/bin/gcc
ln -s /usr/local/gcc-9.4.0/bin/g++ /usr/bin/g++
ln -s /usr/local/gcc-9.4.0/bin/c++ /usr/bin/c++
ln -s /usr/local/gcc-9.4.0/bin/gcc /usr/bin/cc
```

③ 建立最新库文件的软链接。

删除旧链接：

```
rm /usr/lib64/libstdc++.so.6 /usr/lib64/libstdc++.so.6.bak
```

建立新链接：

```
ln -s /usr/local/gcc-9.4.0/lib64/libstdc++.so.6.0.28 /usr/lib64/
libstdc++.so.6
```

（10）在安装成功后就可以查看当前使用的 gcc 版本了，如图 4-52 所示，查看指令：

```
gcc -v
```

```
root@kylin-Phytium-FT2000-4:~# gcc -v
使用内建 specs。
COLLECT_GCC=gcc
COLLECT_LTO_WRAPPER=/usr/local/gcc-9.4.0/libexec/gcc/aarch64-unknown-linux-gnu/9.4.0/lto-wrapper
目标：aarch64-unknown-linux-gnu
配置为：./configure --prefix=/usr/local/gcc-9.4.0/ --enable-checking=release --enable-languages=c
able-multilib --with-gmp=/usr/local/gmp-6.2.1/ --with-mpfr=/usr/local/mpfr-4.1.0/ --with-mpc=/usr
-1.2.1/
线程模型：posix
gcc 版本 9.4.0 (GCC)
root@kylin-Phytium-FT2000-4:~#
```

图 4-52　查看 gcc 版本

4.8 安装 OpenCV

4.8.1 安装 OpenCV 环境（C++接口）

在 Linux 中 OpenCV 不像在 Windows 中那样下载单击即可用，需要执行相应步骤成功安装后才可以使用，在 Ubuntu 系统中搭建 OpenCV 环境（C++接口）的具体步骤如下。

（1）安装 OpenCV 的先决条件。

① 安装编译工具：

```
sudo apt-get install build-essential
```

② 安装 cmake、git、pkg-config 等辅助工具：

```
sudo apt-get install cmake git pkg-config libgtk2.0-dev libavcodec-dev
libavformat-dev libswscale-dev
```

③ 安装关联库：

```
sudo apt-get install python-dev python-opencv python-numpy libtbb2 libtbb-
dev libjpeg-dev libpng-dev libtiff-dev libjasper-dev libdc1394-22-dev
```

（2）下载和解压源文件：

```
wget -O opencv.zip https://github.com/opencv/opencv/archive/4.x.zip
unzip opencv.zip
```

（3）创建目录：

```
mkdir -p build && cd build
```

（4）编译配置：

```
cmake -D CMAKE_BUILD_TYPE=Release -D CMAKE_INSTALL_PREFIX=/usr/local ../o
pencv-4.x
```

其中，cmake 后是一些可选参数，这里是 OpenCV 源目录的路径。

设置 OpenCV 源代码的完整路径，如/home/user/opencv。

设置<cmake_build_dir>的完整路径，如/home/user/opencv/build。

不设置参数可以直接执行：

```
cmake ../opencv-4.x
```

（5）从构建目录执行 make 指令，建议在多个线程中执行此操作：

```
make -j4
```

（6）安装库，在生成目录下执行指令：

```
sudo make install
```

（7）OpenCV 安装完成，输入指令：

```
sudo vi /etc/ld.so.conf.d/opencv.conf
```

打开 opencv.conf 文件。

添加/usr/local/lib 路径，保存并退出后，执行以下指令更新 Linux 系统共享库的缓存：

```
sudo ldconfig
```

如果没有 opencv.conf 文件，就创建一个新的 opencv.conf 文件，已经安装的 OpenCV 会保存在/usr/local/lib 路径下。

（8）添加环境变量，输入指令：

```
sudo vi /etc/bash.bashrc
```

打开 bash.bashrc 文件。

在文件的最后添加以下两行指令，原理是在环境变量中添加配置文件的路径：

```
PKG_CONFIG_PATH=$PKG_CONFIG_PATH:/usr/local/lib/pkgconfig
export PKG_CONFIG_PATH
```

保存 bash.bashrc 文件后，输入指令：

```
sudo updatedb
```

更新环境变量。

4.8.2 安装 OpenCV 环境（Python 接口）

OpenCV（Python 接口）可以通过两种方式安装在 Ubuntu 系统中：①从 Ubuntu 系统存储库提供的预构建的二进制文件安装；②从源代码编译。

除此之外还需要安装额外的库。OpenCV-Python 只需要 NumPy。

1. 从 Ubuntu 系统存储库提供的预构建的二进制文件安装

（1）此方法在仅用于编程和开发 OpenCV 应用程序时效果最佳。在终端执行以下指令安装 python3-opencv 软件包（以 Root 用户身份）：

```
sudo apt-get install python3-opencv
```

（2）打开 Python IDLE（或 IPython）并在 Python 终端键入以下程序，并执行：

```
import cv2 as cv
print(cv.__version__)
```

如果打印结果没有任何错误，就说明 OpenCV-Python 安装成功了。这个安装过程很容易。但存在一个问题，即专有软件库可能并不总是包含最新版本的 OpenCV。

2. 从源代码编译

先安装一些依赖项。有些依赖项是必需的，有些依赖项是可选的。如果不需要，就跳过可选依赖项。

（1）安装必需的依赖项，CMake 用于配置安装，gcc 用于编译，Python 用于开发，NumPy 用于构建 Python 绑定等：

```
sudo apt-get install cmake
```

```
sudo apt-get install gcc g++
```

① 支持 Python 2：

```
sudo apt-get install python-dev python-numpy
```

② 支持 Python 3：

```
sudo apt-get install python3-dev python3-numpy
```

③ 若需要在 OpenCV 中使用 GTK 支持 GUI 功能、相机支持（v4l）和媒体支持（ffmpeg、gstreamer）等，即可输入如下指令来安装：

```
sudo apt-get install libavcodec-dev libavformat-dev libswscale-dev
sudo apt-get install libgstreamer-plugins-base1.0-dev libgstreamer1.0-dev
```

④ 支持 gtk 2：

```
sudo apt-get install libgtk2.0-dev
```

⑤ 支持 gtk 3：

```
sudo apt-get install libgtk-3-dev
```

（2）安装可选依赖项。有上述依赖项后，可在 Ubuntu 系统中安装 OpenCV。根据工作要求，可能需要额外安装一些依赖项。如下是可选依赖项列表，可以选择是否安装：

```
sudo apt-get install libpng-dev
sudo apt-get install libjpeg-dev
sudo apt-get install libopenexr-dev
sudo apt-get install libtiff-dev
sudo apt-get install libwebp-dev
```

（3）下载 OpenCV，从 OpenCV 的 GitHub 存储库中下载最新的源代码：

```
sudo apt-get install git
git clone https://github.com/opencv/opencv.git
```

执行上述指令后将在当前目录中创建一个 opencv 文件夹。复制操作可能需要一些时间，具体取决于计算机网络的数据传输速率。

打开一个终端窗口，导航到下载的 opencv 文件夹。创建一个新的 build 文件夹并导航到它：

```
mkdir build && cd build
```

（4）配置和安装。现在有了所有必需的依赖项，开始安装 OpenCV。安装必须使用 CMake 进行配置，如指定要安装的模块、安装路径、要使用的其他库、要编译的文档和示例等。大部分工作都是使用配置良好的默认参数自动完成的。以下指令通常用于配置 OpenCV 库构建（从构建文件夹执行）：

```
cmake ../
```

OpenCV 默认设置 Release 构建类型，安装路径为/usr/local。

我们可以在 CMake 输出中看到如下信息（这意味着 Python 已正确找到）：

```
-- Python 2:
```

```
-- Interpreter: /usr/bin/python2.7 (ver 2.7.6)
-- Libraries: /usr/lib/x86_64-linux-gnu/libpython2.7.so (ver 2.7.6)
-- numpy: /usr/lib/python2.7/dist-packages/numpy/core/include (ver 1.8.2)
-- packages path: lib/python2.7/dist-packages
-- Python 3:
-- Interpreter: /usr/bin/python3.4 (ver 3.4.3)
-- Libraries: /usr/lib/x86_64-linux-gnu/libpython3.4m.so (ver 3.4.3)
-- numpy: /usr/lib/python3/dist-packages/numpy/core/include (ver 1.8.2)
-- packages path: lib/python3.4/dist-packages
```

现在，可以使用 make 指令来构建文件，并使用 make install 指令进行安装：

```
make
sudo make install
```

OpenCV 安装完成后，相关的配置文件都在/usr/local/文件夹中。打开终端并导入 cv2 库，测试 OpenCV 是否能生效。

```
import cv2 as cv
print(cv.__version__)
```

第5章 程序设计及在线开发

嵌入式程序设计常用的编程语言有汇编语言、C 语言、C++语言、Python 等，本章将简单地介绍 ARM 指令集、程序设计流程、在线开发流程。在实际项目开发过程中，项目开发人员需要根据项目需求选择合适的编程语言进行程序设计，以最大限度地利用硬件，实现高效率开发。

5.1 ARM 指令集简介

对于项目开发人员而言，了解汇编语言中的最小部分如何运作、如何连接，以及不同组合可以实现什么，是至关重要的。汇编语言由作为主要构建块的指令组成，ARM 指令集也叫作 ARM 操作指令系统。ARM 指令后面通常跟一个或两个操作数，书写格式如下所示：

```
MNEMONIC{S}{condition}{Rd},Operand1,Operand2
```

其中：

MNEMONIC——指令；

{S}——可选后缀，如果加了 S 后缀，指令的执行结果会影响 CPSR（Current Program Status Register，程序状态寄存器）的条件执行标志位；

{condition}——执行指令需要满足的条件；

{Rd}——用于存储指令的执行结果，是目的寄存器；

Operand1——第一个操作数，一般是寄存器或一个立即数；

Operand2——第二个操作数，可以是立即数和寄存器，也可以是寄存器加上位运算指令。

ARM 指令集具有灵活性，并非所有指令都需要使用格式中提供的所有字段。

MNEMONIC、S、Rd 和 Operand1 字段简洁明了，下面对 condition 和 Operand2 字段进行进一步澄清。condition 字段与 CPSR 的值密切相关，更确切地说，与 CPSR 内特定位的值密切相关。Operand2 被称为灵活的操作数，因为我们可以以各种形式使用它——作为即时值（具有有限的值集）、寄存器或带移位的寄存器。例如，以下表达式可用作 Operand2：

#123——立即数。

R*x*——寄存器，如 R1、R2、R3……

R*x*, ASR *n*——R*x* 寄存器的值算数右移 *n* 位（*n* 大于或等于 1 且小于或等于 32）。

R*x*, LSL *n*——R*x* 寄存器的值逻辑左移 *n* 位（*n* 大于或等于 0 且小于或等于 31）。

R*x*, LSR *n*——R*x* 寄存器的值逻辑右移 *n* 位（*n* 大于或等于 1 且小于或等于 32）。

R*x*, ROR *n*——R*x* 寄存器的值循环右移 *n* 位（*n* 大于或等于 1 且小于或等于 31）。

R*x*, RRX——R*x* 寄存器的值带扩展循环右移 1 位。

如下是不同类型指令的简单示例。

把 R1 寄存器的值和 R2 寄存器的值相加，结果存入 R0 寄存器：

```
ADD  R0, R1, R2
```

把 R1 寄存器的值和立即数 2 相加，结果存入 R0 寄存器：

```
ADD  R0, R1, #2
```

把 R1 寄存器的值逻辑左移 1 位，结果存入 R0 寄存器：

```
MOV  R0, R1, LSL #1
```

如下指令是条件执行指令，其中 LE（Less Than or Equal）后缀就是{condition}字段，对应操作为当 R0 寄存器的值小于或等于 5 时把 5 存入 R0 寄存器：

```
MOVLE R0, #5
```

表 5-1 所示为常见指令及其功能描述。

表 5-1　常见指令及其功能描述

指　　令	描　　述	指　　令	描　　述
MOV	移动数据	EOR	按位异或
MVN	移动和否定	LDR	载入
ADD	加法	STR	储存
SUB	减法	LDM	加载多个
MUL	乘法	STM	存储多个
LSL	逻辑左移	PUSH	推入堆栈
LSR	逻辑右移	POP	弹出堆栈
ASR	算术右移	B	分支
ROR	循环右移	BL	带链接的分支
CMP	比较	BX	分支和交换
AND	按位和	BLX	带链接的分支和交换
ORR	按位或	SWI/SVC	系统调用

汇编指令通常用来优化项目中的某些功能，单独使用汇编指令实现整个项目开发的情况相对较少。项目开发人员可以根据实际需求，采用多种编程语言进行编程，最大效率地发挥各种编程语言的优势，以满足具体的项目开发需求。

5.2 程序设计流程

程序设计大概分为以下几个步骤。

1．分析问题

确切地理解问题，明确问题的环境限制，如已知条件、原始数据、输入信息、对运算精度的要求、对处理速度的要求及最后应获得的结果。正确地分析问题是进行程序设计的基础。

2．建立数学模型

在确切理解问题的基础上，对问题用简洁明了的数学方法进行近似描述，即建立一个数学模型，将一个实际问题转化成一个计算机问题。

3．设计算法

算法是一组有穷的规则，规定了解决某特定类型问题的一系列运算。通俗地说，算法是解决问题的方法、步骤的具体化。

设计算法应注意以下 3 点。

（1）算法中的每一种运算必须有确切的定义，也就是应进行的操作是相当清楚的、无二义性的。

（2）组成算法的处理步骤是有限的。

（3）算法的可行性。结合实际的软硬件资源，考虑算法是否可行。

4．编制程序流程图

编制程序流程图就是把解决问题的方法、步骤用框图形式表示。流程图不仅便于程序的编写，而且有利于对程序进行逻辑上的正确判断。

5．编写程序

编写程序就是用计算机机械指令助记符号或语句实现算法。在编写程序时必须严格遵守语言的语法规则，同时要考虑以下几点。

（1）内存空间的分配。明确程序中使用的数据段、附件段、堆栈段和程序段放在内存的什么位置；原始数据、中间变量及最终结果放在内存的什么位置；需要占用多大储存空间。

（2）程序使用的数据表示方式，数据的输入/输出格式。

（3）程序结构尽可能简单、层次分明、逻辑清晰，减少占用的内存空间，提高运行的速度。

（4）程序的可读性、可维护性应较高。根据实际需求，程序应可方便地增加或删除功能。

6．上机调试

编写完源代码后，将源代码送入计算机进行汇编、连接和调试，检查源代码中的语句错误，根据指出的语句错误性质进行修改，直至无误后再次进行调试。

5.3 在线开发流程

带操作系统的嵌入式开发板一般都支持在线开发。下面以用 C 语言在飞腾教育开发板编写简单的 helloworld 程序为例，演示在线开发的过程。

在线开发流程一般可分为以下几个步骤。

（1）如图 5-1 所示，在开发板操作系统终端输入指令，创建项目文件：

```
touch helloworld.c
```

```
kylin@kylin-Phytium-FT2000-4:~$ touch helloworld.c
```

图 5-1　创建项目文件

（2）如图 5-2 所示，使用 vi 编辑器打开文件：

```
vi helloworld.c
```

```
kylin@kylin-Phytium-FT2000-4:~$ vi helloworld.c
```

图 5-2　打开文件

（3）如图 5-3 所示，按 I 键开启编辑模式，将以下程序导入：

```
#include<stdio.h>
int main()
{
printf("hello world\n");
return 0;
}
```

```
#include<stdio.h>
int main()
{
printf("hello world\n");
return 0;
}
~
~
```

图 5-3　程序导入结果

（4）按 Esc 键，结束编辑模式，输入：

```
wq
```

按 Enter 键，即可完成保存退出操作，如图 5-4 所示。

图 5-4　保存退出

（5）如图 5-5 所示，使用 gcc 编译程序文件：

```
gcc -o helloworld helloworld.c
```

```
kylin@kylin-Phytium-FT2000-4:~$ gcc -o helloworld helloworld.c
```

图 5-5　gcc 编译程序文件

（6）如图 5-6 所示，执行程序：

```
./helloworld
```

```
kylin@kylin-Phytium-FT2000-4:~$ ./helloworld
hello world
```

图 5-6　程序执行结果

第6章 基础应用设计实例

首先，本章将针对FT-2000/4开发板的各个接口进行初步测试。其次，为了进一步介绍开发板功能，本章将通过形象化可操作性实例介绍如何进行IIC通信，高频采集和传输，文件I/O操作，进程、线程之间的管理与通信。最后，本章将介绍并测试FT-2000/4开发板的TCP、UDP连接实例。

6.1 接口测试

FT-2000/4开发板具有2个DDR4接口，2个10/100/1000Mbit/s自适应以太网接口，本节介绍开发板网口测试、RTC测试、SSD挂载测试。

1. 开发板网口测试

使用如下指令查看本地所有网口：

```
root@kylin:# ifconfig
```

使用如下指令打开enaphyt4i0网口：

```
root@kylin:# ifconfig enaphyt4i0 up
```

使用如下指令查看enaphyt4i0网口的IP地址：

```
root@kylin:# ifconfig enaphyt4i0
```

使用如下指令Ping百度官网：

```
root@kylin:# ping www.baidu.com
```

按Ctrl+C组合键即可退出Ping指令。

使用如下指令关闭enaphyt4i0网口：

```
root@kylin:# ifconfig enaphyt4i0 down
```

查看本地所有网口指令的运行结果，如图6-1所示。

```
root@kylin:~# ifconfig
eth0: flags=4099<UP,BROADCAST,MULTICAST>  mtu 1500
        ether 3c:6a:2c:3c:6a:2c  txqueuelen 1000  (Ethernet)
        RX packets 0  bytes 0 (0.0 B)
        RX errors 0  dropped 0  overruns 0  frame 0
        TX packets 0  bytes 0 (0.0 B)
        TX errors 0  dropped 0 overruns 0  carrier 0  collisions 0
        device interrupt 23  base 0x4000

eth1: flags=4099<UP,BROADCAST,MULTICAST>  mtu 1500
        ether 3c:6a:2c:3c:6a:2d  txqueuelen 1000  (Ethernet)
        RX packets 0  bytes 0 (0.0 B)
        RX errors 0  dropped 0  overruns 0  frame 0
        TX packets 0  bytes 0 (0.0 B)
        TX errors 0  dropped 0 overruns 0  carrier 0  collisions 0
        device interrupt 24  base 0xa000

lo: flags=73<UP,LOOPBACK,RUNNING>  mtu 65536
        inet 127.0.0.1  netmask 255.0.0.0
        inet6 ::1  prefixlen 128  scopeid 0x10<host>
        loop  txqueuelen 1000  (Local Loopback)
        RX packets 0  bytes 0 (0.0 B)
        RX errors 0  dropped 0  overruns 0  frame 0
        TX packets 0  bytes 0 (0.0 B)
        TX errors 0  dropped 0 overruns 0  carrier 0  collisions 0
```

图 6-1　查看本地所有网口指令的运行结果

2. RTC 测试

使用如下指令查看系统时间：

```
root@kylin:# date
```

使用如下指令查看 RTC 时间：

```
root@kylin:# hwclock -f /dev/rtce
```

使用如下指令设置系统时间：

```
root@kylin:# date -s "2021-03-10 11:55:00"
root@kylin:# date
```

使用如下指令同步系统时间到 RTC：

```
root@kylin:# hwclock -w -f /dev/rtc0
root@kylin:# hwclock -f /dev/rtc0
```

查看系统时间指令和查看 RTC 时间指令的运行结果如图 6-2 所示。

```
root@Kylin:~# date
Wed 19 Oct 2022 10:41:56 AM CST
root@Kylin:~# hwclock -f/dev/rtce
2022-10-1910:39:39.283078+08:00
```

图 6-2　查看系统时间指令和查看 RTC 时间指令的运行结果

3. SSD 挂载测试

以下是 SSD 挂载测试。

使用如下指令查询 SSD 分区：

```
root@kylin:# fdisk -l /dev/sdb1
```

使用如下指令挂载 SSD 分区：

```
root@kylin:# mount /dev/mmcblk0p1/mnt
```

复制数据。使用如下指令将 Linux 内核日志从开发板复制到 SSD：

```
root@kylin:# dmesg > kernel_log
root@kylin:# cp kernel_log /mnt/
root@kylin:# sync
```

使用如下指令卸载分区：

```
root@kylin:# umount /mnt
```

6.2 IIC 通信

6.2.1 IIC 总线简介

IIC 的全称为 Inter-Integrated Circuit。IIC 总线是一种由 NXP（原 PHILIPS）公司开发的两线式串行总线，用于连接微控制器及其外围设备。IIC 总线多用于主控制器和从控制器间的主从通信，在小数据量场合使用，传输距离短，任意时刻只能有一个主机。

IIC 总线有两条：一条是双向的串行数据线 SDA（Serial Data），D 代表 Data（数据），用来传输数据；一条是双向的串行时钟线 SCL（Serial Clock Line），S 是时钟控制数据发送的时序，C 代表 Clock。SDA 和 SCL 都是双向线，因此需要通过上拉电阻连接电源 VCC。当 IIC 总线处于空闲状态时，SDA 和 SCL 都是高电平。IIC 总线仅使用 SDA 和 SCL 两根信号线就可以实现设备间的数据交互，极大地简化了硬件电路，减小了 PCB 空间。

6.2.2 IIC 总线的工作特点

为了便于把 IIC 设备分为主控制器和从控制器，把控制 SCL 信号高低变换的设备指定为主控制器。IIC 主控制器的功能是产生时钟信号、产生起始信号和停止信号。IIC 从控制器的功能是实现可编程的 IIC 地址检测、停止位检测。IIC 总线的优点是支持多主控制器，其中任何一个能够进行发送和接收的设备都可以成为主控制器。一个主控制器能够控制信号的传输和时钟频率，但在任何时间点上只能有一个主控制器。IIC 总线支持不同传输速率，包括标准速度（最高传输速率为 100kHz）和快速（最高传输速率为 400kHz）。SCL 和 SDA 所接上拉电阻的阻值由通信速度和容性负载决定，一般为 3.3～10kΩ，这保证了数据的稳定性。IIC 总线的工作方式是半双工，同一时间只可以单向通信。为了避免 IIC 总线信号混乱，要求各设备在连接 IIC 总线的输出端时必须是漏极（OD）开路输出或集电极（OC）开路输出。

IIC 总线传送数据过程中的信号共有三种类型，分别是起始信号、停止信号、应答信号。串口时序图如图 6-3 所示，图中 MSB 表示地址值存放最高有效字节；ACK 表示应答位。接收数据的 IIC 总线在接收 8 位数据后，向发送数据的 IIC 总线发出特定的低电平脉冲，

表示已收到数据，这个脉冲就是应答信号。CPU 向受控单元发出一个信号后，等待受控单元发出一个应答信号，CPU 在接收应答信号后根据实际情况做出是否继续传递信号的判断。若未收到应答信号，则判断为受控单元出现故障。

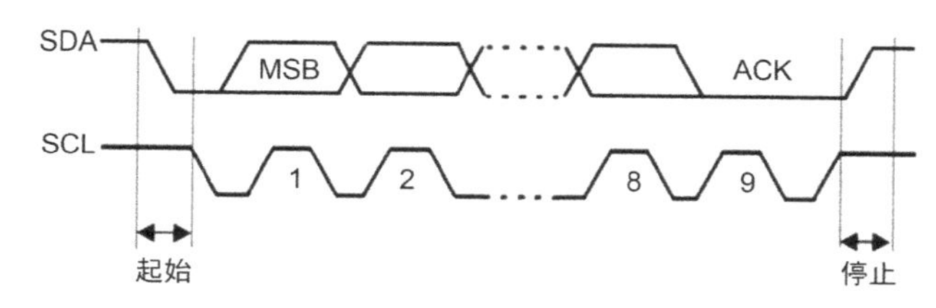

图 6-3　串口时序图

6.2.3　IIC 总线访问外围设备

1. IIC-tools

IIC-tools 是一个专门调试 IIC 总线的开源工具集。使用 IIC-tools 可以获得 IIC 总线上的所有外围设备的地址信息，还可以对指定的设备进行读写访问。

IIC-tools 工具集包含 i2cdetect 工具、i2cdump 工具、i2cget 工具、i2cset 工具。

例如，利用 i2cdetect 探测总线上的所有外围设备的运行结果如图 6-4 所示。

```
root@debian:~# i2cdetect -y -r 0
     0  1  2  3  4  5  6  7  8  9  a  b  c  d  e  f
00:          -- -- -- -- -- -- -- -- -- -- -- -- --
10: -- -- -- -- -- -- -- -- -- -- -- -- -- -- -- --
20: -- -- -- -- -- -- -- -- -- -- -- -- -- -- -- --
30: -- -- -- -- -- -- -- -- -- -- -- -- -- -- -- --
40: -- -- -- -- -- -- -- -- -- -- -- -- -- -- -- --
50: -- -- -- -- -- -- 56 57 -- -- -- -- -- -- -- --
60: -- -- -- -- -- -- -- -- -- -- -- -- -- -- -- --
70: -- -- -- -- -- -- -- --
root@debian:~#
```

图 6-4　利用 i2cdetect 探测总线上的所有外围设备的运行结果

2. 应用程序

使用应用程序访问 IIC 总线上的外围设备：

```
struct i2c_handle *i2c_handle = NULL;
i2c_handle = i2c_open("/dev/i2c-0");
//写入
i2c_write_singlebyte(i2c_handle, 0x57, i, 100 + i);
//读取
reg_val = i2c_read_singlebyte(i2c_handle, 0x57, i);
//打印
printf("reg_val %d\n", reg_val);
```

创建文件 i2c.c，并将如下程序添加进文件 i2c.c：

```
#include <stdio.h>
#include <string.h>
```

```
#include <stdlib.h>
#include <stdint.h>
#include <fcntl.h>
#include <poll.h>
#include <unistd.h>
#include <sys/stat.h>
#include <sys/types.h>
#include <sys/time.h>
#include <sys/ioctl.h>
#include <linux/i2c.h>
#include <linux/i2c-dev.h>
struct i2c_handle
int32_t fd;
struct i2c_handle *i2c_open(const char *dev_name)
struct i2c_handle *i2c_handle = NULL;
 i2c_handle = calloc(1, sizeof(struct i2c_handle));
    if (i2c_handle == NULL)
   {
       perror("calloc error");
       return NULL;
    }
      i2c_handle->fd = open(dev_name, O_RDWR);
       if (i2c_handle->fd < 0)
{
       perror("open error");
       return NULL;
 }
    return i2c_handle;
int32_t i2c_close(struct i2c_handle *i2c_handle)
    int32_t ret = 0;
    ret = close(i2c_handle->fd);
    if (ret < 0)
{
    perror("close error");
    return -1;
    }
    free(i2c_handle);
    return 0;
uint8_t i2c_read_singlebyte(struct i2c_handle *i2c_handle, uint16_t
dev_addr, uint8_t reg_addr)
{
    int32_t ret = 0;
    struct i2c_msg msgs[2];
```

```
        struct i2c_rdwr_ioctl_data data;
        uint8_t reg_val;
        msgs[0].addr = dev_addr;
        msgs[0].flags = 0;
        msgs[0].len = 1;
        msgs[0].buf = &reg_addr;
        msgs[1].addr = dev_addr;
        msgs[1].flags= I2C_M_RD;
        msgs[1].len = 1;
        msgs[1].buf = &reg_val;
        data.msgs = msgs;
        data.nmsgs = 2;
        ret = ioctl(i2c_handle->fd, I2C_RDWR, &data);
        if (ret < 0)
    {
        perror("ioctl error");
        return -1;
        }
        return reg_val;
    int32_t i2c_write_singlebyte(struct i2c_handle *i2c_handle, uint16_t
dev_addr, uint8_t reg_addr, uint8_t reg_val)
    {
        uint8_t bufs[2];
        int32_t ret = 0;
        struct i2c_msg msgs;
        struct i2c_rdwr_ioctl_data data;
        bufs[0]     = reg_addr;
        bufs[1]     = reg_val;
        msgs.addr   = dev_addr;
        msgs.flags  = 0;
        msgs.len    = 2;
        msgs.buf    = bufs;
        data.msgs   = &msgs;
        data.nmsgs  = 1;
        ret = ioctl(i2c_handle->fd, I2C_RDWR, &data);
        if (ret < 0)
    {
        perror("ioctl error");
        return -1;
      }
        return ret;
    }
    int main(void)
```

```
{
    int i = 0;
    uint8_t reg_val;
    struct i2c_handle *i2c_handle = NULL;
    i2c_handle = i2c_open("/dev/i2c-0");
    if (i2c_handle == NULL) {
        printf("i2c_open error\n");
        return -1;
    }
    for (i = 0; i < 10; i ++)
{
        i2c_write_singlebyte(i2c_handle, 0x57, i, 100 + i);
        usleep(10000);
    }
    for (i = 0; i < 10; i ++)
{
        reg_val = i2c_read_singlebyte(i2c_handle, 0x57, i);
        printf("reg_val %d\n", reg_val);
    }
    i2c_close(i2c_handle);
    return 0;
}
```

运行结果如图 6-5 所示。

```
rootedebian:~# gcc -o i2c 12c.c
root@debian:~#./i2c
reg_val 100
reg_val 101
reg_val 102
reg_val 103
reg_val 104
reg_val 105
reg_val 106
reg_val 107
reg_val 108
reg_val 109
```

图 6-5　运行结果

6.3 音频采集及输出实例

6.3.1　音频接口测试

查看音频接口：

```
root@kylin-Phytium-FT2000-4:/usr/share/sounds/alsa# amixer controls
```

配置音频接口：

```
root@kylin-Phytium-FT2000-4:/usr/share/sounds/alsa# amixer contents
```

音频接口测试结果如图 6-6 所示。

```
root@kylin-Phytium-FT2000-4:/usr/share/sounds/alsa# amixer controls
numid=1,iface=CARD,name='HDMI/DP,pcm=3 Jack'
numid=2,iface=MIXER,name='IEC958 Playback Con Mask'
numid=3,iface=MIXER,name='IEC958 Playback Pro Mask'
numid=4,iface=MIXER,name='IEC958 Playback Default'
numid=5,iface=MIXER,name='IEC958 Playback Switch'
numid=6,iface=PCM,name='ELD',device=3
numid=7,iface=PCM,name='Playback Channel Map',device=3
root@kylin-Phytium-FT2000-4:/usr/share/sounds/alsa# amixer contents
numid=1,iface=CARD,name='HDMI/DP,pcm=3 Jack'
  ; type=BOOLEAN,access=r-------,values=1
  : values=off
numid=2,iface=MIXER,name='IEC958 Playback Con Mask'
  ; type=IEC958,access=r-------,values=1
  : values=[AES0=0x0f AES1=0xff AES2=0x00 AES3=0x00]
numid=3,iface=MIXER,name='IEC958 Playback Pro Mask'
  ; type=IEC958,access=r-------,values=1
  : values=[AES0=0x0f AES1=0x00 AES2=0x00 AES3=0x00]
numid=4,iface=MIXER,name='IEC958 Playback Default'
  ; type=IEC958,access=rw------,values=1
  : values=[AES0=0x04 AES1=0x82 AES2=0x00 AES3=0x02]
numid=5,iface=MIXER,name='IEC958 Playback Switch'
  ; type=BOOLEAN,access=rw------,values=1
  : values=on
numid=6,iface=PCM,name='ELD',device=3
  ; type=BYTES,access=r--v----,values=0
  : values=
numid=7,iface=PCM,name='Playback Channel Map',device=3
  ; type=INTEGER,access=rw---R--,values=8,min=0,max=36,step=0
  : values=0,0,0,0,0,0,0,0
```

图 6-6　音频接口测试结果

ALSA 的全称是 Advanced Linux Sound Architecture，中文译为 Linux 高级声音体系。ALSA 是 Linux 2.6 后续版本支持音频系统的标准接口程序，由 ALSA 库、内核驱动和相关测试开发工具组成，可以更好地管理 Linux 音频系统。ALSA 是 Linux 为声卡提供驱动的内核组件，为简化相应应用程序的编写它提供了专门的库函数。

在使用 ALSA 前，使用如下指令检查设备：

```
root@debian:~#aplay -l
```

或者：

```
root@debian:~#aplay -L
```

运行结果如图 6-7 和图 6-8 所示。

```
root@debian:~# aplay -l
**** List of PLAYBACK Hardware Devices ****
card 0: fthda [ft-hda], device 0: ALC662 rev3 Analog [ALC662 rev3 Analog]
  Subdevices: 1/1
  Subdevice #0: subdevice #0
card 0: fthda [ft-hda], device 1: ALC662 rev3 Digital [ALC662 rev3 Digital]
  Subdevices: 1/1
  Subdevice #0: subdevice #0
```

图 6-7　aplay-l 指令运行结果

```
root@debian:~# aplay -L
null
    Discard all samples (playback) or generate zero samples (capture)
jack
    JACK Audio Connection Kit
pulse
    PulseAudio Sound Server
default:CARD=fthda
    ft-hda, ALC662 rev3 Analog
    Default Audio Device
sysdefault:CARD=fthda
    ft-hda, ALC662 rev3 Analog
    Default Audio Device
dmix:CARD=fthda,DEV=0
    ft-hda, ALC662 rev3 Analog
    Direct sample mixing device
dmix:CARD=fthda,DEV=1
    ft-hda, ALC662 rev3 Digital
    Direct sample mixing device
dsnoop:CARD=fthda,DEV=0
    ft-hda, ALC662 rev3 Analog
    Direct sample snooping device
dsnoop:CARD=fthda,DEV=1
    ft-hda, ALC662 rev3 Digital
    Direct sample snooping device
hw:CARD=fthda,DEV=0
    ft-hda, ALC662 rev3 Analog
    Direct hardware device without any conversions
hw:CARD=fthda,DEV=1
    ft-hda, ALC662 rev3 Digital
    Direct hardware device without any conversions
plughw:CARD=fthda,DEV=0
    ft-hda, ALC662 rev3 Analog
    Hardware device with all software conversions
plughw:CARD=fthda,DEV=1
    ft-hda, ALC662 rev3 Digital
    Hardware device with all software conversions
usbstream:CARD=fthda
    ft-hda
    USB Stream Output
```

图 6-8　aplay-L 指令运行结果

6.3.2　音频采集实例

Alsamixer 是 Linux 音频架构 ALSA 库中的工具，用于配置音频的各个参数。amixer 是 Alsamixer 的文本模式，即命令行模式，需要在 amixer 模式下配置声卡的各个选项。

使用开发板播放音频（音频输出）可通过如下指令实现：

```
root@kylin-Phytium-FT2000-4:~#aplay/usr/share/sounds/alsa/Front_Center.wav
```

使用开发板录制音频（音频采集）可通过如下指令实现：

```
root@kylin-Phytium-FT2000-4:~#arecord -f cd test.wav
```

按 Ctrl+C 组合键可以中止录音。

通过 ls 指令可以查看当前目录文件：

```
root@kylin-Phytium-FT2000-4:~#ls
```

通过如下可以指令播放 test.wav 文件：

```
root@kylin-Phytium-FT2000-4:~#aplay test.wav
```

开发板录制音频测试结果如图 6-9 所示。

```
root@kylin-Phytium-FT2000-4:~# arecord -f cd test.wav
正在录音 WAVE 'test.wav' : Signed 16 bit Little Endian, 频率44100Hz, Stereo
^C被信号 中断...退出
root@kylin-Phytium-FT2000-4:~# ls
a.out  test.wav  模板
root@kylin-Phytium-FT2000-4:~# aplay test.wav
正在播放 WAVE 'test.wav' : Signed 16 bit Little Endian, 频率44100Hz, Stereo
root@kylin-Phytium-FT2000-4:~# 
```

图 6-9　开发板录制音频测试结果

6.4 操作系统实例

6.4.1　文件 I/O 操作

登录开发板系统后使用 ls 指令可以查看开发板中的所有文件目录。Linux 中的主要文件目录类型如下。

/bin：bin 是 binary（二进制）的缩写。这个目录下存放的是经常使用的指令，包括用户管理员指令，如 cat、chmod、cp、date、ls 等。

/boot：这个目录下存放的是在启动 Linux 时使用的核心文件，主要包括链接文件、镜像文件。

/dev ：dev 是 device（设备）的缩写。这个目录下存放的是 Linux 的外围设备，在 Linux 中访问设备的方式和访问文件的方式是相同的。

/etc：这个目录下存放的是系统管理需要的配置文件和子目录。

/home：这个目录是用户的主目录。在 Linux 中，每个用户都有一个自己的目录，一般该目录是以用户的账号命名的。

/lib：这个目录下存放的是系统最基本的动态链接共享库，作用类似于 Windows 中的 dll 文件。几乎所有应用程序都需要使用这些共享库，以 C/C++语言编译的库文件大部分存放在/usr/lib 目录下。

/lost+found：在一般情况下这个目录是空的，当系统突然关机后，这个目录下会暂时存放一些文件。

/media：Linux 会自动识别一些设备，如 U 盘、光驱等。在识别后，Linux 会把识别的设备挂载到这个目录下。双 Windows 下的磁盘和插入的 U 盘都会挂载在 media/用户名目录下。

/mnt：系统提供该目录是为了让用户临时挂载其他文件系统。在用户将光驱挂载在/mnt 目录下后，进入该目录就可以查看光驱中的内容了。

/opt：这个目录是为主机额外安装软件创建的目录，此目录默认是空的。

/proc：这个目录是一个虚拟目录，它是系统内存的映射。直接访问这个目录可以获取系统信息。这个目录下的内容没有存放在硬盘中，而是存放在内存中，里面的某些文件可

以直接修改。

在打开现存文件或新建文件时，系统（内核）会返回一个文件描述符，用来指定已打开的文件。文件描述符相当于已打开的文件的标号，文件描述符是非负整数，是文件的标识。操作文件描述符相当于操作文件描述符指定的文件。

通过以下程序可以实现文件的读取：

```
#include <stdio.h>
#include <stdlib.h>
#include <string.h>
#include <unistd.h>
#include <sys/stat.h>
#include <sys/types.h>
#include <fcntl.h>
#define BUFFSIZE    4096
void err_print(const char *str)
{
   perror(str);
   exit(-1);
}
int main(int argc, char **argv)
{
   int    fd;
   int     n;
   char buf[BUFFSIZE];
   if (argv[1] == NULL) {
   printf("Missing parameter \n");
      return -1;
   }
   fd = open(argv[1], O_RDONLY);
   if (fd == -1)
   err_print("open error \n");
   while (1) {
    n = read(fd, buf, BUFFSIZE);
    if (n == -1)
    err_print("read error \n");
      /* the end of file */
      else if (n == 0)
      break;
      n = write(STDOUT_FILENO, buf, n);
      if (n == -1)
      err_print("write error\n");
   }
```

```
    close(fd);
    return 0;
}
```

通过以下程序可以实现文件的写入：

```
#include <stdio.h>
#include <stdlib.h>
#include <string.h>
#include <unistd.h>
#include <sys/stat.h>
#include <sys/types.h>
#include <fcntl.h>
#define BUFFSIZE    32
void err_print(const char *str)
{
    perror(str);
    exit(-1);
}
int main(int argc, char **argv)
{
    int ch;
    int fd;
    int ret;
    char buf[BUFFSIZE];
    fd = open("test_file", O_RDWR | O_CREAT | O_TRUNC, 0700);
    if (fd == -1)
        err_print("open error \n");
    for (ch = 'A'; ch < 'Z'; ch++) {
        memset(buf, ch, BUFFSIZE);
        buf[BUFFSIZE-1] = '\n';
        ret = write(fd, buf, BUFFSIZE);
        if (ret == -1)
        err_print("write error\n");
    }
    close(fd);
    return 0;
}
```

6.4.2 进程管理、同步及通信

在 Linux 中，每个执行程序都被定义为一个进程，每个进程都被分配了一个内存与地址。在一般情况下，一个进程对应一个父进程（优先级更高的进程），这个父进程可以复制多个子进程。每个进程都可能以两种方式存在——前台与后台。前台进程是用户目前可以

进行操作的进程；后台进程是固定的实际操作。在一般情况下，后台进程是无法查看的。系统的服务是以后台方式存在的进程，会常驻在系统中一直执行，直到关机才结束。

IPC（Inter Process Communication，进程间通信）描述的是运行在某个操作系统上的不同进程间各种消息的传递方式。像共享内存区这样的较新式的通信需要某种形式的 IPC 同步参与运作。在 Linux 过去几十年的演变史中，消息传递历经了如下几个发展阶段。

管道（Pipe）是第一个被广泛使用的 IPC 形式，既可以在程序中使用，也可以通过 Shell 指令调用。管道的问题在于只能在具有共同祖先（也就是父子进程关系）的进程间使用。如今该问题已经随着有名管道（Named Pipe）的引入被解决了。

System V（System V-message Queue）消息队列是在 20 世纪 80 年代早期被加入 System V 内核的。它们可以在同一主机上的有亲缘关系（有共同的父进程）或无亲缘关系的进程之间使用。虽然称呼它们时仍冠以 System V 前缀，但是当今多数版本的 UNIX 不论进程是否源自 System V 都会支持。

POSIX 消息队列是由 POSIX 实时标准加入的，它们可以在同一主机上的有亲缘关系或无亲缘关系的进程之间使用。POSIX 是可移植操作系统接口，是电气和电子工程师协会（Institute of Electrical and Electronics Engineers，IEEE）为在各种 Linux 上运行软件而定义的一系列相互关联的标准的总称。POSIX.1 已经被国际标准化组织接受，被命名为 ISO/IEC 9945-1:1990 标准。

远程过程调用（Remote Procedure Call，RPC）出现在 20 世纪 80 年代中期，是一种利用一个系统（客户主机）上的某个程序调用另一个系统（服务器主机）上的某个函数的方法，是作为显式网络编程的替换方法而开发的。由于 RPC 可以在同一客户主机和服务器之间传递一些信息（被调用函数的参数与返回值），因此可认为 RPC 是另一种形式的消息传递。Linux 进程间的信息共享可以有多种方式，如图 6-10 所示。

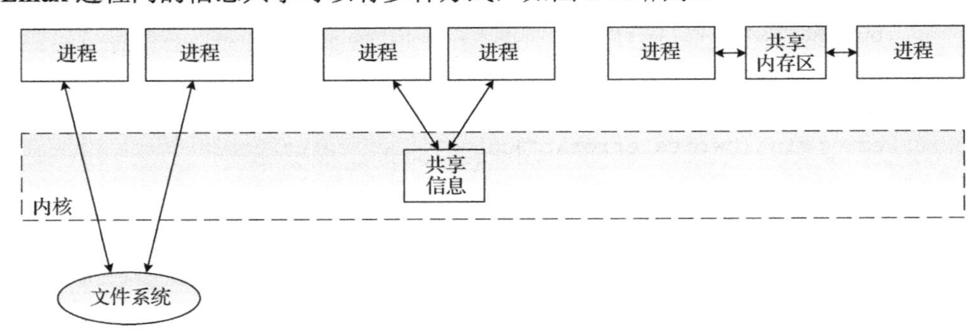

图 6-10　Linux 进程间的信息共享示意图

图 6-10 左边两个进程共享存留于文件系统中的某个文件的某些信息。为访问这些信息，每个进程都需要穿越内核（如 read、write、lseek 等）。当一个文件有待更新时，某种形式的同步是必要的，这样既可以保护多个写入者，防止相互串扰；也可以保护一个或多个

读取者，防止写入者的干扰。

图 6-10 中间的两个进程共享驻留于内核中的某些信息。管道、System V 消息队列和 System V 信号量都是这种共享类型。每次访问共享信息操作都涉及一次对内核的系统调用。

图 6-10 右边的两个进程有一个双方都能访问的共享内存区。一旦设置好该共享内存区，各进程就能不涉及内核而访问共享内存区中的数据。共享该内存区的进程需要某种形式的同步。

需要注意的是，没有任何东西限制任何 IPC 技术只能使用两个进程。我们讲述的技术适用于任意数目的进程。在图 6-10 中只展示两个进程是为了便于理解。

基于 fork 函数的进程通信可通过以下程序实现：

```
#include <stdio.h>
#include <stdlib.h>
#include <string.h>
#include <unistd.h>
#include <sys/stat.h>
#include <sys/types.h>
#include <sys/wait.h>
void *process_fn1(void)
{
    printf("process 1 starting\n");
    sleep(1);
    printf("process 1 returning\n");
    exit(0);
}
void *process_fn2(void)
{
    printf("process 2 starting\n");
    sleep(1);
    printf("process 2 returning\n");
    exit(0);
}
int main(void)
{
    int     err;
    pid_t   pid1, pid2;
    pid1 = fork();
    if (pid1 < 0)
{
        printf("fork error \n");
        return -1;
    } else if (pid1 == 0)
```

```
    {
        process_fn1();
    }
    pid2 = fork();
    if (pid2 < 0)
    {
        printf("fork error \n");
        return -1;
    } else if (pid2 == 0)
    {
        process_fn2();
    }
    waitpid(pid1, NULL, 0);
    waitpid(pid2, NULL, 0);
    return 0;
}
```

6.4.3 线程管理

线程是进程内独立的一条运行路线，一个标准的线程由线程 ID（Thread ID）、当前指令指针（PC）、寄存器集合和堆栈组成。每一个程序至少有一个线程。如果程序只有一个线程，那么该线程就是程序本身。线程可以称为轻量级进程。由于线程与同一进程内的其他线程共享内存空间及资源，因此线程上下文切换的开销比创建进程小很多。一个进程可以有多个线程，由于线程共享进程的内存空间和资源，因此多线程中的同步是非常重要的。

虽然 Linux 中的“进程”概念已使用很久了，但是一个给定进程内多个线程的概念相对较新。POSIX.1（称为 pthread）是于 1995 年通过的。从 IPC 角度来看，一个给定进程内的所有线程共享同样的全局变量，也就是说共享内存区的概念对这种模型来说是内在的。我们必须关注各个线程间对全局数据的同步访问。同步访问不是一种明确的 IPC 形式，它伴随许多 IPC 形式的使用，目的是控制对某些共享数据的访问。

一个进程内的各个线程是由线程 ID 标识的，这些线程的数据类型为 pthread_t。如果新的线程创建成功，它的 ID 就通过 tid 指针返回。每个线程有多个属性（Attribute），如优先级、初始大小、是否是守护线程等。在创建线程时，可以通过初始化 pthread_attr_t 变量来指定这些属性，以覆盖默认值。当创建一个线程时，应指定一个线程将要执行的函数，即线程启动函数（Thread Start Function）。这个线程通过调用线程启动函数开始，终止方式为显式地终止（调用 pthread_exit）或隐式地终止。该线程启动函数的地址通过 func 参数指定，该函数唯一调用的参数是 arg。如果需要给线程启动函数传递多个参数，就需要先把这些参数封装成一个结构，然后将该结构的地址作为唯一的参数来传递。

线程基本函数如下。

（1）创建线程函数：当一个程序由 exec 启动执行时，系统将创建一个被称为初始线程或主线程的线程。其余线程由 pthread_create 函数创建，具体格式如下：

```
#include <pthread.h>
int pthread_create (pthread_t*tid, const pthread_attr_t*attr, void*
(*func)(void*), void*arg);
```

若成功则返回 0，若出错则返回正的错误值。

注意：func 和 arg 的声明。func 函数接收一个通用指针参数（void*），返回一个通用指针参数（void*）。因此我们可以先给线程传递一个指针，再由线程返回一个指针。同时，因为 pthread 库不是 Linux 默认的库，在连接时需要使用 libpthread.a 库，所以在使用 pthread_create 函数创建线程时，在编译中要使用指令-lpthread。编译时要先加入参数 gcc createThread.c -lpthread -o createThread 才能成功。

（2）终止线程函数：我们可以调用 pthread_join 函数来等待一个线程终止。对比线程和 UNIX 进程，pthread_create 函数类似于 fork 函数，pthread_join 函数类似于 waitpid 函数，具体格式如下：

```
#include <pthread.h>
int pthread_join (pthread_t tid, void**staus);
```

若成功则返回 0，若出错则返回正的错误值。

必须指定等待的线程的 tid 指针。遗憾的是，不是所有线程的终止都能等待（类似于给基于 waitpid 函数的进程 ID 参数传递-1 值）。

（3）线程脱离与汇合函数：线程或是可汇合的（joinable），或是脱离的（detached）。当可汇合的线程终止时，它的线程 ID 和退出状态将保留，直到另外一个线程调用 pthread_join 函数为止。脱离的线程类似于守护进程，具体格式如下：

```
#include<pthread.h>
int pthread_detach(pthread_t tid);
```

当调用 pthread_detach 函数时，所有的资源都将被释放，因此我们不能等待线程终止。如果一个线程需要知道另一个线程的终止时间，那么最好保留第二个线程的可汇合性。thread_detach 函数可将指定的线程变为脱离的线程。

线程管理可以通过以下程序实现（编译时要先加入参数 gcc createThread.c -lpthread -o createThread 才能成功）：

```
#include <stdio.h>
#include <stdlib.h>
#include <string.h>
#include <unistd.h>
#include <sys/stat.h>
#include <sys/types.h>
```

```
#include <pthread.h>
void err_exit(int err, const char *str)
{
    printf("error_number %d %s\n", err, str);
    exit(-1);
}
void *thr_fn1(void *arg)
{
    printf("thread 1 starting\n");
    sleep(1);
    printf("thread 1 returning\n");
    return((void *)1);
}
void*thr_fn2(void *arg)
{
    printf("thread 2 starting\n");
    sleep(1);
    printf("thread 2 exiting\n");
    pthread_exit((void *)2);
}
int main(void)
{
    int        err;
    pthread_t  tid1, tid2;
    void*tret;
    err = pthread_create(&tid1, NULL, thr_fn1, NULL);
    if (err != 0)
        err_exit(err, "can't create thread 1");
    err = pthread_create(&tid2, NULL, thr_fn2, NULL);
    if (err != 0)
        err_exit(err, "can't create thread 2");
    err = pthread_join(tid1, &tret);
    if (err != 0)
        err_exit(err, "can't join with thread 1");
    printf("thread 1 exit code %ld\n", (long)tret);
    err = pthread_join(tid2, &tret);
    if (err != 0)
        err_exit(err, "can't join with thread 2");
    printf("thread 2 exit code %ld\n", (long)tret);
    exit(0);
}
```

6.4.4　线程同步及多路转接

线程的最大特点是资源共享，资源共享中的线程同步是多线程编程的难点。Linux 提供了多种用来处理线程同步的方式，其中最常用的是互斥锁、条件变量和信号量。互斥锁和条件变量出自 POSIX.1，它们可用来同步一个进程内的各个线程。如果一个互斥锁或条件变量存放在多个进程的某个共享内存区中，那么它还可以被用来同步这些进程。

1. 互斥锁

互斥锁（Mutex）指代相互排斥（Mutual Exclusion），用于保护临界区（Critical Region），以保证任何时刻只有一个线程在执行其中的程序，是最基本的同步形式。

POSIX 互斥锁被声明为具有 pthread_mutex_t 数据类型的变量。如果互斥锁变量是静态分配的，那么我们可以把它初始化成 PTHREAD_MUTEX_INITIALIZER，如 static pthread_mutex_lock=PTHREAD_MUTEX_INITIALIZER。如果互斥锁是动态分配的（如通过调用 ma1loc 分配），或者分配在共享内存区中，那么我们在运行时必须调用 pthread_mutex_init 函数来对其进行初始化。

一个互斥锁上锁与解锁的程序如下所示：

```
# include <pthread.h>
int pthread_mutex_lock(pthread_mutex_t* mptr);
int pthread_mutex_trylock(pthread_mutex_t* mpr);
int pthread_mutex_unlock(pthread_mutex_t* mptr);
```

如果尝试给一个已由另外某个线程锁住的互斥锁上锁，那么 pthread_mutex_lock 函数将阻塞到该互斥锁解锁。pthread_mutex_trylock 函数是对应的非阻塞函数，如果该互斥锁已锁住，它就会返回一个 EBUSY 错误。

2. 条件变量

互斥锁用于上锁，条件变量（Cond）用于等待。这两种类型的同步都是 Linux 需要的。条件变量是 pthread_cond_t 数据类型的变量。以下两个函数使用了条件变量：

```
#include <pthread.h>
int pthread_cond wait (pthread_cond_t*cpr, pthread_mutex_t*mpr);
int pthread_cond_signal (pthread.cond_t*cptr);
```

若成功则返回 0，若出错则返回正的错误值。

3. 信号量

信号量（Semaphore）是一种用于提供不同进程间或一个给定进程的不同线程间同步形式的原语。信号量主要有三种类型。

（1）POSIX 有名信号量：用 POSIX IPC 名字标识，可用于进程或线程间的同步。

（2）POSIX 基于内存的信号量：存放在共享内存区中，可用于进程或线程间的同步。

（3）System V 信号量：在内核中维护，可用于进程或线程间的同步。

一个进程可以在某个信号量上执行如下三种操作。

（1）创建一个信号量（create）。要求调用者指定初始值，对于二值信号量来说，它通常是 1，也可以是 0。

（2）等待一个信号量（wait）。该操作会检测信号量的值，如果信号量的值小于或等于 0，就等待（阻塞）；一旦信号量的值大于 0，就将它减 1。该操作可以用如下伪代码总结：

```
while (semaphore_value<=0);
/*等待即阻塞线程或进程*/
semaphore_value--;
```

这里的基本要求是，考虑到访问同一信号量的其他线程或进程，在 while 语句中检测该信号量的值和之后将它减 1（如果该值大于 0）这两个步骤必须作为一个操作完成。这是 20 世纪 80 年代中期 System V 信号量在内核中实现的原因之一，这样做使得信号量操作成为内核中的系统调用。

（3）挂出一个信号量（post）。该操作将信号量的值加 1，可以用如下伪代码总结：

```
semaphore_value++;
```

如果有一些进程等待该信号量的值大于 0，那么其中一个进程现在就可能被唤醒。显然，真正的信号量代码比给出的等待一个信号量和挂出一个信号量的伪代码有更多细节，包括如何将等待某个给定信号量的所有进程排队，如何唤醒一个（可能是很多进程中的一个）正在等待某个给定信号量被挂出的进程等。

需要注意的是，上面给出的伪代码并没有假定使用值仅为 0 或 1 的二值信号量。它们适用于值被初始化为任意非负值的信号量。这样的信号量被称为计数信号量。计数信号量通常初始化为某个非负值，用于指示可用的资源数（如缓冲区数）。

POXIS—semaphore 信号量可通过以下程序实现：

```
#include <stdio.h>
#include <stdlib.h>
#include <string.h>
#include <unistd.h>
#include <sys/stat.h>
#include <sys/types.h>
#include <fcntl.h>
#include <pthread.h>
#include <semaphore.h>
#define NBUFF     10
#define SEM_MUTEX   "mutex"      /* 这些是px_ipc_name()的参数 */
#define SEM_NEMPTY  "nempty"
#define SEM_NSTORED "nstored"
int nitems;                      /* 生产者和客户只读 */
```

```
struct shared
{
  int buff[NBUFF];
  sem_t *mutex, *nempty, *nstored;
};
struct shared shared;
void *produce(void *), *consume(void *);
int
main(int argc, char **argv)
{
    pthread_t tid_produce, tid_consume;
    if (argc != 2) {
        printf("Missing parameter \n");
        return -1;
  }
    nitems = atoi(argv[1]);
    /* 创建 3 个信号量 */
    shared.mutex = sem_open(SEM_MUTEX, O_RDWR | O_CREAT | O_EXCL, 0777, 1);
    shared.nempty = sem_open(SEM_NEMPTY, O_RDWR | O_CREAT | O_EXCL,
0777, NBUFF);

    shared.nstored = sem_open(SEM_NSTORED, O_RDWR | O_CREAT | O_EXCL,
0777, 0);
    /* 创建一个生产者线程和一个客户线程 */
    pthread_create(&tid_produce, NULL, produce, NULL);
    pthread_create(&tid_consume, NULL, consume, NULL);
    pthread_join(tid_produce, NULL);
    pthread_join(tid_consume, NULL);
    /* 删除信号量 */
    sem_unlink(SEM_MUTEX);
    sem_unlink(SEM_NEMPTY);
    sem_unlink(SEM_NSTORED);
    exit(0);
}
/* 终止主程序 */
/* 包括产品 */
void*
produce(void *arg)
{
    int i;
    for (i = 0; i < nitems; i++)
    {
        sem_wait(shared.nempty); /* 等待至少一个空插槽 */
```

```
        sem_wait(shared.mutex);
        shared.buff[i % NBUFF] = i;  /* 将 i 存储到循环缓冲区 */
        printf("produce buff[%d] = %d\n", i, shared.buff[i % NBUFF]);
        sem_post(shared.mutex);
        sem_post(shared.nstored);    /* 再存储一个项目 */
    }
    return(NULL);
}
void *
consume(void *arg)
{
    int      i;
    for (i = 0; i < nitems; i++) {
        sem_wait(shared.nstored);    /* 等待至少一个存储项目 */
        sem_wait(shared.mutex);
        printf("consume buff[%d] = %d\n", i, shared.buff[i % NBUFF]);
        sem_post(shared.mutex);
        sem_post(shared.nempty);     /* 还有一个空位 */
    }
    return(NULL);
}
/* 结束进程 */
```

6.4.5 TCP、UDP 连接测试实例

TCP（Transmission Control Protocol，传输控制协议）是一种面向连接的、可靠的、基于字节流的传输层通信协议。网络在正式收发数据前必须和对方建立可靠的连接，一个 TCP 连接必须经过三次握手才能建立。

UDP（User Datagram Protocol，用户数据报协议）是 OSI（Open System Interconnection，开放式系统互联）参考模型中的一种无连接的传输层协议，提供面向事务的简单不可靠信息传送服务。UDP 适用于一次传送数据量少、对可靠性要求不高的应用环境。UDP 把应用程序需要传送的数据发送出去，不提供发送数据包的顺序；接收方不向发送方发送确认接收的信息，即使出现丢包或重包现象，也不会向发送方发送反馈。因此使用 UDP 传输数据的程序不能保证其发送的数据一定到达了接收方，也不能保证到达接收方的数据顺序和发送方发送的数据顺序一致。使用 UDP 传输数据的应用程序必须自己构建发送数据的顺序机制和发送/接收的确认机制，以此来保证发送数据的正确到达，即保证接收数据的顺序与发送数据的顺序一致，也就是说应用程序必须根据 UDP 的缺点提供解决方案。

TCP 与 UDP 主要区别如下。

（1）可靠性传输和不可靠性传输区别。TCP 属于可靠性传输，有许多机制来保证传输

的可靠性，需要的开销更大；而 UDP 不保证传输的可靠性，通过 16 位来校验和检测数据是否有错，如果有错，就直接丢掉，但是并不会返回任何错误信息。

（2）面向连接和无连接区别。面向连接是一种 TCP 保证可靠性的机制。UDP 是无连接的，在知道对方的 IP 地址和端口号后，直接将数据发送给对方。

（3）面向字节流和面向数据报区别。TCP 有一系列机制来保证数据的按序到达，另一端在接收数据后会将数据按序放到 TCP 的接收缓冲区，应用层可以随意读取；UDP 并没有这种机制，无论发送端一次发送多大的数据，接收端都要一次读完。

客户端数据协议：

```
/*client.c*/
#include <stdio.h>
#include <unistd.h>
#include <sys/types.h>
#include <sys/socket.h>
#include <netinet/in.h>
#include <string.h>
#include <arpa/inet.h>
#define MAXBUF 256
int main(int argc, char const *argv[])
{
    int sd = 0;
    int ret = 0;
    int port = 12345;
    struct sockaddr_in server_addr;
    char buf[MAXBUF] = { "www.jiang-niu.com" };
    if (argc != 2)
    {
        printf("Usage:%s ServerIP\n", argv[0]);
        return -1;
    }
    bzero(&server_addr, sizeof(server_addr));
    server_addr.sin_family = PF_INET;
    server_addr.sin_addr.s_addr = inet_addr(argv[1]);
    server_addr.sin_port = htons(port);
    sd = socket(AF_INET, SOCK_DGRAM, 0);
    if(sd < 0)
    {
        perror("socket");
        return -1;
    }
    ret = sendto(sd, buf, strlen(buf), 0, \(struct sockaddr *) &server_addr,
sizeof(struct sockaddr));
```

```
    if(ret < 0){
        perror("sendto");
        return -1;
    }
    close(sd);
    return 0;
}
```

服务器数据协议：

```
/*server.c*/
#include <stdio.h>
#include <unistd.h>
#include <sys/types.h>
#include <sys/socket.h>
#include <netinet/in.h>
#include <string.h>
#include <arpa/inet.h>
#define MAXBUF 256
int main(int argc, char const *argv[])
{
    int sd = 0;
    int ret = 0;
    int reuse = 1;
    int cli_len = sizeof(struct sockaddr);
    int port = 12345;
    char buf[MAXBUF] = {0};
    struct sockaddr_in server_addr, client_addr;
    bzero(&server_addr, sizeof(server_addr));
    server_addr.sin_family = PF_INET;
    server_addr.sin_addr.s_addr = INADDR_ANY;
    server_addr.sin_port = htons(port);
    sd = socket(AF_INET, SOCK_DGRAM, 0);
    if (sd < 0){
    perror("socket");
    return -1;
    }
    setsockopt(sd, SOL_SOCKET, SO_REUSEADDR, &reuse, sizeof(reuse));
    if (bind(sd, (struct sockaddr *)&server_addr, sizeof(server_addr)) < 0){
    perror("bind");
    return -1;
    }
    while(1)
    {
```

```
        memset(buf, 0, MAXBUF);
        ret = recvfrom(sd, buf, MAXBUF, 0, (struct sockaddr *)&client_addr,
&cli_len);
            if (ret < 0){
            perror("recvfrom");
            return -1;
          }
    else
          {
            printf("receive msg : %s\n",buf);
            }
        }
        close(sd);
        return 0;
    }
```

第 7 章

音/视频的播放与处理

7.1 音/视频的播放

7.1.1 了解 gstreamer

gstreamer 是一个用于构建流媒体应用的开源多媒体框架，允许用户创建各种媒体处理组件，包括简单的音/视频录制、播放，流媒体控制与编辑，支持多种文件格式，如 mp4、ogg、vorbis 等。gstreamer 采用的是基于插件（Plug-in Unit）和管道的体系结构，框架中的所有功能模块都被实现成可插拔组件，能够很方便地安装到任意管道上。

gstreamer 包含多媒体应用程序、gstreamer 核心框架、第三方插件，如图 7-1 所示。

（1）多媒体应用程序主要是各类应用程序，如多媒体播放器、视频编辑器等；应用程序的形式是多样化的，可以是信号、回调函数等。

（2）gstreamer 核心框架是流媒体的实际运行框架，包含流媒体处理、内部消息处理、数据的网络传输，以及插件系统实现的功能等；还包含一系列元件。每个元件可实现一项单一的功能，各元件通过管道串联起来实现一条媒体流。

（3）第三方插件以 gstreamer 核心框架为基础，提供一些额外的服务，如协议的组件、部分格式编解码的实现等。

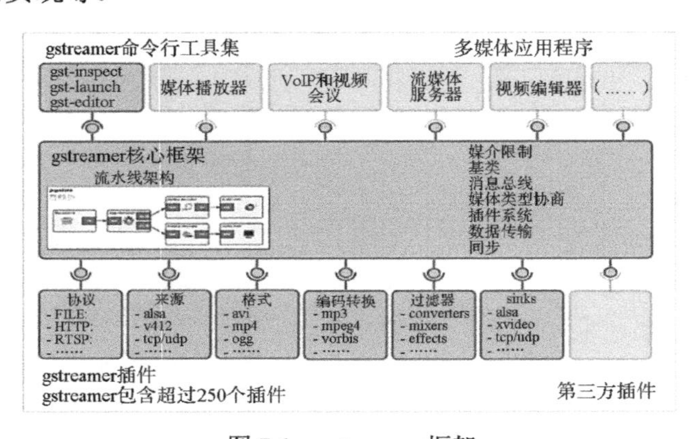

图 7-1　gstreamer 框架

7.1.2　安装 gstreamer

除了必要的 gstreamer1.0 安装包，还需要安装一些插件，包括但不限于 libgstreamer1.0-dev、gstreamer-1.10.4.tar.xz、gst-plugins-base-1.10.4.tar.xz、gst-libav-1.10.4.tar.xz、gst-plugins-good-1.10.4.tar.xz、gst-plugins-bad-1.10.4.tar.xz、orc-0.4.26.tar.xz、gst-plugins-base-1.10.4.xz、gst-plugins-ugly-1.10.4.tar.xz。

登录源网站下载相关安装包后即可导入开发板进行安装。

安装完毕后，可以运行如下程序验证 gstreamer 是否安装成功：

```
gst-launch-1.0 -v videotestsrc ! cacasink
gst-launch-1.0 videotestsrc ! ximagesink
gst-launch-1.0 videotestsrc pattern=11 ! ximagesink
```

gstreamer 测试程序运行结果如图 7-2 所示。

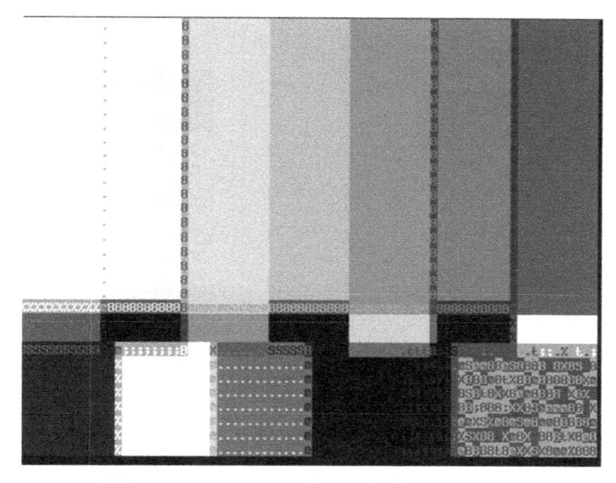

图 7-2　gstreamer 测试程序运行结果

7.1.3　音/视频播放步骤

1．音频播放步骤

（1）在根目录下，新建 gst_audioplay.sh：

```
vi gst_audioplay.sh
```

（2）编辑 gst_audioplay.sh，将如下程序导入，注意文件地址是否正确：

```
#! /bin/sh
gst-launch-1.0 -e -v filesrc location=/home/linux/qwq.wav ! wavparse !
alsasink
```

（3）执行脚本：

```
bash gst_audioplay.sh
```

本节音频播放实例的程序由多个元件组成，具体如下。

① filesrc：源文件，location 属性用于指定文件位置。在使用此文件时应提前将待播放

音频复制到适当位置，并替换后面的文件地址。

② wavparse：gstreamer 的组件之一，存放在 gst-plugins-good 中，是播放 wav 文件的必要组件。

③ alsasink：音频输出元件，用于创建通道，播放音频。

gstreamer 音频的输出流程如图 7-3 所示。

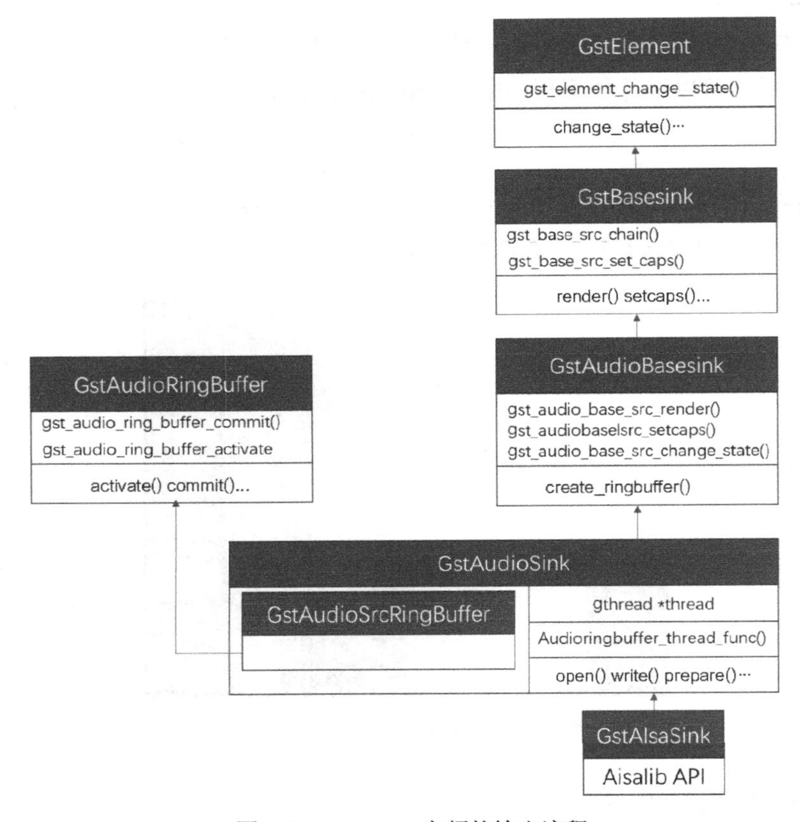

图 7-3　gstreamer 音频的输出流程

2. 视频播放步骤

（1）在根目录下，新建 gst_mp4play.sh：

```
vi gst_mp4play.sh
```

（2）编辑 gst_mp4play.sh，将如下程序导入，注意文件地址是否正确：

```
#! /bin/sh
gst-launch-1.0 -e -v filesrc location=test.mp4 ! qtdemux name=qtdemux0
qtdemux0. ! queue ! h264parse ! avdec_h264 ! videoconvert ! queue !
ximagesink qtdemux0. ! queue ! faad ! alsasink
```

（3）执行脚本：

```
bash gst_mp4play.sh
```

本节视频播放实例的程序由多个元件组成，具体如下。

① filesrc：源文件，location 属性用于指定文件位置。在使用此文件时应提前将待播放音频复制到适当位置，并替换后面的文件地址。

② h264parse：gstreamer 的组件之一，用来分割输出 264 格式数据，存放在 gst-plugins-bad 包中，是播放视频文件的必要组件。

③ avdec_h264：一般连接在 h264parse 后面，用来解码 264 格式数据。

④ videoconvert：转换 video 数据格式。

⑤ ximagesink：将视频帧渲染到本地或远程显示器上的可绘制窗口（X Window）中。该元件先通过 GstVideoOverlay 接口接收窗口 ID，然后在该可绘制窗口中渲染视频帧。如果应用程序没有提供窗口 ID，元件将创建自己的内部窗口并将视频帧渲染到其中。

⑥ faad：AAC 解码元件。

⑦ alsasink：音频输出元件，用于创建通道，播放音频。

图 7-4 描述了数据从源流向音/视频设备的过程。

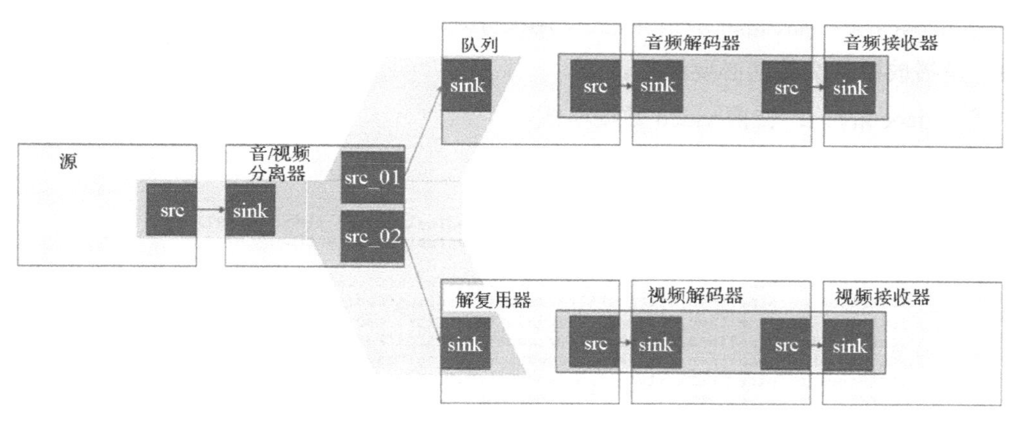

图 7-4　gstreamer 视频输出流程

7.2 视频采集及缩放

7.2.1　视频采集

（1）将摄像头通过 USB 接口与主机相连，具体连接情况如图 7-5 所示。

图 7-5　将摄像头与主机相连

（2）在根目录下，新建 gst_mp4pack.sh：

```
vi gst_mp4pack.sh
```

（3）编辑 gst_mp4pack.sh，将如下程序导入，注意文件地址是否正确：

```
#! /bin/sh
gst-launch-1.0 -e -v qtmux name=qtmux0 ! filesink location=test.mp4
v4l2src device=/dev/video0 ! 'video/x-raw, format=(string)YUY2,
width=(int)640, height=(int)480, framerate=(fraction)30/1' ! videoconvert !
queue ! x264enc bitrate=1000 ! h264parse ! queue ! qtmux0. alsasrc
device=hw:0,0 ! 'audio/x-raw, rate=44100, channels=2, layout=interleaved,
format=S16LE' ! queue ! voaacenc ! queue ! qtmux0.
#gst-launch-1.0 -e -v qtmux name=qtmux0 ! filesink location=test.mp4
v4l2src device=/dev/video0 ! 'video/x-raw, format=(string)YUY2,
width=(int)640, height=(int)480, framerate=(fraction)30/1' ! videoconvert !
queue ! x264enc bitrate=1000 ! h264parse ! queue ! qtmux0. alsasrc
device=hw:0,0 ! 'audio/x-raw, rate=44100, channels=2, layout=interleaved,
format=S16LE' ! queue ! audioconvert ! avenc_aac ! queue ! qtmux0.
```

（4）执行脚本：

```
bash gst_mp4pack.sh
```

本节视频采集实例的程序由多个元件组成，具体如下。

① h264parse：gstreamer 的组件之一，用来分割输出 264 格式数据，存放在 gst-plugins-bad 包中，是播放视频文件的必要组件。

② videoconvert：转换 video 数据格式。

运行过程如图 7-6 所示。

```
New clock: GstAudioSrcClock
/GstPipeline:pipeline0/GstAlsaSrc:alsasrc0: actual-buffer-time = 200272
/GstPipeline:pipeline0/GstAlsaSrc:alsasrc0: actual-latency-time = 8707
Redistribute latency...
/GstPipeline:pipeline0/GstAlsaSrc:alsasrc0.GstPad:src: caps = audio/x-raw, form3
/GstPipeline:pipeline0/GstCapsFilter:capsfilter1.GstPad:src: caps = audio/x-raw3
/GstPipeline:pipeline0/GstQueue:queue2.GstPad:sink: caps = audio/x-raw, format=3
/GstPipeline:pipeline0/GstCapsFilter:capsfilter1.GstPad:sink: caps = audio/x-ra3
/GstPipeline:pipeline0/GstQueue:queue2.GstPad:src: caps = audio/x-raw, format=(3
/GstPipeline:pipeline0/GstVoAacEnc:voaacenc0.GstPad:sink: caps = audio/x-raw, f3
/GstPipeline:pipeline0/GstVoAacEnc:voaacenc0.GstPad:src: caps = audio/mpeg, mpe0
/GstPipeline:pipeline0/GstQueue:queue3.GstPad:sink: caps = audio/mpeg, mpegvers0
/GstPipeline:pipeline0/GstQueue:queue3.GstPad:sink: caps = audio/mpeg, mpegvers0
/GstPipeline:pipeline0/GstQTMux:qtmux0.GstQTMuxPad:audio_0: caps = audio/mpeg, 0
/GstPipeline:pipeline0/GstV4l2Src:v4l2src0.GstPad:src: caps = video/x-raw, forme
/GstPipeline:pipeline0/GstCapsFilter:capsfilter0.GstPad:src: caps = video/x-rawe
/GstPipeline:pipeline0/GstVideoConvert:videoconvert0.GstPad:src: caps = video/xB
/GstPipeline:pipeline0/GstQueue:queue0.GstPad:sink: caps = video/x-raw, width=(B
```

图 7-6　运行过程

运行视频采集程序结束后，得到 test.mp4 文件，如图 7-7 所示。

```
srv
sys
test.mp4
tmp
usb
usr
var
```

图 7-7　实例运行结果

7.2.2　视频缩放

（1）在根目录下，新建 gst_videoscale.sh：

```
vi gst_videoscale.sh
```

（2）编辑 gst_videoscale.sh，将如下程序导入：

```
#! /bin/sh
gst-launch-1.0 -e -v v4l2src device=/dev/video0 ! 'video/x-raw,
format=(string)YUY2, width=(int)640, height=(int)480,
framerate=(fraction)30/1' ! videoconvert ! videoscale ! 'video/x-raw,
format=(string)BGRx, width=(int)1280, height=(int)720,
framerate=(fraction)30/1' ! queue ! ximagesink
```

其中某些元件的含义如下。

① device：输入设备，如果插入的是 USB 摄像头，基本不用修改。

② framerate：画面更新率，即帧率。

③ ximagesink：将视频帧渲染到本地或远程显示器上的可绘制窗口（X Window）中。该元件先通过 GstVideoOverlay 接口接收窗口 ID，然后在该可绘制窗口中渲染视频帧。如果应用程序没有提供窗口 ID，元件将创建自己的内部窗口并将视频帧渲染到其中。

（3）执行脚本：

```
bash gst_videoscale.sh
```

7.3　H.264 的编码及解码

7.3.1　H.264 简介

H.264 是继 MPEG4 之后国际标准化组织和国际电信联盟共同提出的新一代数字视频压缩格式，H.264 以高压缩、高质量和支持多种网络的流媒体著称。H.264 编码标准的主要部分有 Access Unit Delimiter（访问单元分割符）、SEI（附加增强信息）、Primary Coded Picture（基本图像编码）、Redundant Coded Picture（冗余图像编码），以及 Instantaneous Decoding Refresh（即时解码刷新，IDR）、Hypothetical Reference Decoder（假想码流调度器，HRD）、Hypothetical Stream Scheduler（假想参考解码，HSS）。

H.264 编码标准定义了三种帧：完整编码的帧叫作 I 帧；参考 I 帧生成的只包含差异部分编码的帧叫作 P 帧；参考前后的帧编码生成的帧叫作 B 帧。

H.264 编码标准采用的核心算法有帧内压缩和帧间压缩，帧内压缩是生成 I 帧的算法，帧间压缩是生成 B 帧和 P 帧的算法。

（1）帧内压缩又称空间压缩（Spatial Compression），一般采用有损压缩算法，在压缩一帧图像时仅考虑本帧的数据，不考虑相邻帧间的冗余信息。由于帧内压缩是编码一个完整的图像，因此可以独立地解码、显示。

（2）帧间压缩又称时间压缩（Time Compression）。相邻几帧的数据有相关性，即连续视频的相邻帧间具有冗余信息，根据这一特性可知，压缩相邻帧之间的冗余信息可以进一步提高压缩量，减小压缩比。帧间压缩一般采用无损压缩算法。帧差值（Frame Differencing）算法是典型的帧间压缩，它比较本帧与相邻帧之间的差异，仅记录本帧与相邻帧的差值，可以大大减少数据量。

H.264 编码标准的主要特点如下。

（1）H.264 编码标准具有更高编码效率。

（2）使用 H.264 编码标准的视频画面质量更高。

（3）使用 H.264 编码标准提高网络适应能力。H.264 编码标准可以工作在实时通信低延时模式下，也可以工作在无延时的视频流服务中。

（4）使用 H.264 编码标准，可以进行混合编码结构，增加了帧内预测、多帧预测、基于内容的变长编码、4×4 二维整数变换等新的编码方式，提高了编码效率。

（5）H.264 编码标准的选项较少，降低了编码的复杂度。

（6）使用 H.264 编码标准，可以根据不同环境设置不同传输速率，从而很好地控制，甚至消除丢包和误码现象。

7.3.2 H.264 编码

1. gstreamer 的基础概念

1）元件

元件（Element）是组成管道的基本构件。将若干个元件连接在一起，可以创建一条用来完成媒体录像的管道。根据功能，元件可以被分为如下几类。

（1）源元件（Source Elements）：主要作为管道的数据源，只产生数据，不接收数据，即只有输出接口。

（2）接收元件（Sink Element）：主要作为管道的末端，只接收数据，不产生数据，即只有输入接口。

（3）组件：过滤器（Filter）、转换器（Transducer）、分流器（Diverter）等，同时拥有输入接口和输出接口。

2）箱柜和管道

箱柜（Bin）是一个可以装载元件的容器。管道是箱柜的一个特殊的子类型，管道可以操作其包含的所有元件。

3）衬垫

衬垫（Pad）相当于一个元件的输出接口和输入接口。各个元件通过衬垫实现连接，以

使数据流在其中传输。

一条简单媒体管道如图 7-8 所示。

图 7-8　一条简单媒体管道

2. H.264 编码例程

（1）将摄像头通过 USB 接口与主机相连，如图 7-9 所示。

图 7-9　将摄像头与主机相连

（2）在根目录下，新建 gst_h264enc.sh：

```
vi gst_h264enc.sh
```

（3）编辑 gst_h264enc.sh，将如下程序导入，注意修改文件地址和名称：

```
#! /bin/sh
gst-launch-1.0 -e -v v4l2src device=/dev/video0 ! 'video/x-raw,
format=(string)YUY2, width=(int)640, height=(int)480,
framerate=(fraction)30/1' ! videoconvert ! queue ! x264enc bitrate=1000 !
filesink location=test.h264
```

其中，videoconvert 是转换 video 数据格式。

（4）执行脚本：

```
bash gst_h264enc.sh
```

运行过程如图 7-10 所示。

```
Setting pipeline to PAUSED ...
Pipeline is live and does not need PREROLL ...
Setting pipeline to PLAYING ...
New clock: GstSystemClock
/GstPipeline:pipeline0/GstV4l2Src:v4l2src0.GstPad:src: caps = video/x-raw, forme
/GstPipeline:pipeline0/GstCapsFilter:capsfilter0.GstPad:src: caps = video/x-rawe
/GstPipeline:pipeline0/GstVideoConvert:videoconvert0.GstPad:src: caps = video/xB
/GstPipeline:pipeline0/GstQueue:queue0.GstPad:sink: caps = video/x-raw, width=(B
/GstPipeline:pipeline0/GstQueue:queue0.GstPad:src: caps = video/x-raw, width=(iB
Redistribute latency...
/GstPipeline:pipeline0/GstX264Enc:x264enc0.GstPad:sink: caps = video/x-raw, widB
/GstPipeline:pipeline0/GstVideoConvert:videoconvert0.GstPad:sink: caps = video/e
/GstPipeline:pipeline0/GstCapsFilter:capsfilter0.GstPad:sink: caps = video/x-rae
/GstPipeline:pipeline0/GstX264Enc:x264enc0.GstPad:src: caps = video/x-h264, strg
/GstPipeline:pipeline0/GstFileSink:filesink0.GstPad:sink: caps = video/x-h264, g
```

图 7-10　运行过程

运行结束或手动终止后，生成 test.h264 文件，编码结束，如图 7-11 所示。

```
srv
sys
test.h264
test.ts
tmp
usb
usr
```

图 7-11　运行结果

7.3.3　H.264 解码

H.264 解码例程与视频播放例程很相似，只是内部的解码元件有所不同。

（1）在根目录下，新建 gst_h264dec.sh：

```
vi gst_h264dec.sh
```

（2）编辑 gst_h264dec.sh，将如下程序导入，注意修改文件地址和名称：

```
#! /bin/sh
gst-launch-1.0 -e -v filesrc location=test.h264 ! h264parse !
avdec_h264 ! videoconvert ! queue ! ximagesink
```

其中某些元件的含义如下。

① h264parse：gstreamer 的组件之一，用来分割输出 264 格式数据，存放在 gst-plugins-bad 包中，是播放视频文件的必要组件。

② avdec_h264：avdec_h264 一般连接在 h264parse 之后，用来解码 264 格式数据。

（3）执行脚本：

```
bash gst_h264dec.sh
```

7.4　TS 封装及播放

7.4.1　TS 封装

随着 HDTV 录制的高清节目在网上流传，发烧友对 TS 这个词已经不陌生了，本节将重点介绍随之而来的 TS 播放操作。

近年来，TS 封装随着 MPEG2 的流行占据了主流地位。TS 的全称是 Transport Stream。电视节目是我们在任何时候打开电视机都能收看（解码）的，所以 MPEG2-TS 的特点就是要求从视频流的任一帧开始都可以独立解码。

从结构上来说，TS 是由头文件和主体组成的，扩充过的 TS 流还包括时间戳。无论什么格式的 VBR（Variable Bit Rate，动态比特率）音轨，都容易通过时间戳来同步图像。

TS 不像 avi，它从诞生那天起就考虑到了网络播放，也因此很快成为世界标准并被广泛应用于电视台数字视频播放、手机视频播放等领域。

TS 封装过程如下。

（1）将摄像头通过 USB 接口与主机相连。

（2）在根目录下，新建 gst_tspack.sh：

```
vi gst_tspack.sh
```

（3）编辑 gst_tspack.sh，将如下程序导入，注意修改文件地址和名称：

```
#! /bin/sh
gst-launch-1.0 -e -v mpegtsmux name=mpegtsmux0 ! filesink location=
test.ts v4l2src device=/dev/video0 ! 'video/x-raw, format=(string)YUY2,
width=(int)640, height=(int)480, framerate=(fraction)30/1' ! videoconvert !
queue ! x264enc bitrate=1000 ! h264parse ! queue ! mpegtsmux0. alsasrc
device=hw:0,0 ! 'audio/x-raw, rate=44100, channels=2, layout=interleaved,
format=S16LE' ! queue ! voaacenc ! queue ! mpegtsmux0.
#gst-launch-1.0 -e -v mpegtsmux name=mpegtsmux0 ! filesink location=
test.ts v4l2src device=/dev/video0 ! 'video/x-raw, format=(string)YUY2,
width=(int)640, height=(int)480, framerate=(fraction)30/1' ! videoconvert !
queue ! x264enc bitrate=1000 ! h264parse ! queue ! mpegtsmux0. alsasrc
device=hw:0,0 ! 'audio/x-raw, rate=44100, channels=2, layout=interleaved,
format=S16LE' ! queue ! audioconvert ! avenc_aac ! queue ! mpegtsmux0.
```

其中某些元件的含义如下。

① device：若插入的是 USB 摄像头，基本不用修改。

② videoconvert：转换 video 数据格式。

（4）执行脚本：

```
bash gst_tspack.sh
```

运行过程如图 7-12 所示。

```
/GstPipeline:pipeline0/MpegTsMux:mpegtsmux0.GstPad:sink_66: caps = audio/mpeg, e
/GstPipeline:pipeline0/GstV4l2Src:v4l2src0.GstPad:src: caps = video/x-raw, forme
/GstPipeline:pipeline0/GstCapsFilter:capsfilter0.GstPad:src: caps = video/x-rawe
/GstPipeline:pipeline0/GstVideoConvert:videoconvert0.GstPad:src: caps = video/xB
/GstPipeline:pipeline0/GstQueue:queue0.GstPad:sink: caps = video/x-raw, width=(B
/GstPipeline:pipeline0/GstQueue:queue0.GstPad:src: caps = video/x-raw, width=(iB
Redistribute latency...
/GstPipeline:pipeline0/GstX264Enc:x264enc0.GstPad:sink: caps = video/x-raw, widB
/GstPipeline:pipeline0/GstVideoConvert:videoconvert0.GstPad:sink: caps = video/e
/GstPipeline:pipeline0/GstCapsFilter:capsfilter0.GstPad:sink: caps = video/x-rae
/GstPipeline:pipeline0/GstX264Enc:x264enc0.GstPad:src: caps = video/x-h264, strg
/GstPipeline:pipeline0/GstH264Parse:h264parse0.GstPad:src: caps = video/x-h264,e
/GstPipeline:pipeline0/GstQueue:queue1.GstPad:sink: caps = video/x-h264, streame
```

图 7-12　运行过程

运行结束或手动终止后，生成 test.ts 文件，编码结束，如图 7-13 所示。

```
srv
sys
test.ts
tmp
usb
usr
var
```

图 7-13　运行结果

7.4.2 TS 播放

TS 解码例程与视频播放例程很相似，只是内部解码元件有所不同。

（1）在根目录下，新建 gst_tsplay.sh：

```
vi gst_tsplay.sh
```

（2）编辑 gst_tsplay.sh，将以下程序导入，注意修改文件地址和名称：

```
#! /bin/sh
gst-launch-1.0 -e -v filesrc location=test.ts ! tsdemux name=tsdemux0
tsdemux0. ! queue ! h264parse ! avdec_h264 ! videoconvert ! queue !
ximagesink tsdemux0. ! queue ! faad ! alsasink
```

其中某些元件的含义如下。

① filesrc：源文件，location 属性用于指定文件位置。在使用此文件时应提前将待播放音频复制至适当位置，并替换后面的文件地址。

② h264parse：gstreamer 的组件之一，用来分割输出 264 格式数据，存放在 gst-plugins-bad 包中，是播放视频文件的必要组件。

③ tsdemux：TS 解复用。

④ ximagesink：将视频帧渲染到本地或远程显示器上的可绘制窗口（X Window）中。该元件先通过 GstVideoOverlay 接口接收窗口 ID，然后在该可绘制窗口中渲染视频帧。如果应用程序没有提供窗口 ID，元件将创建自己的内部窗口并将视频帧渲染到其中。

（3）执行脚本：

```
bash gst_tsplay.sh
```

注意：本章展示了以脚本形式（.sh）执行音/视频相关实例的过程。除了使用脚本，还可以使用.c 程序运行这些实例。

以音频播放例程 gst_audioplay.c 为例，介绍使用.c 程序运行音/视频实例。

（1）在根目录下，新建 gst_audioplay.c：

```
vi gst_audioplay.c
```

（2）编辑 gst_audioplay.c，将如下程序导入并保存；

```
#include <stdio.h>
#include <stdlib.h>
#include <string.h>
#include <ctype.h>
#include <sys/types.h>
#include <sys/time.h>
#include <unistd.h>

#include <gst/gst.h>
```

```
static gboolean bus_callback(GstBus *bus, GstMessage *msg, gpointer data)
{
    GMainLoop *loop = (GMainLoop *) data;
    gchar *debug;
    GError *error;

    switch (GST_MESSAGE_TYPE(msg)) {
    case GST_MESSAGE_EOS:
        g_print("end of stream \n");
        g_main_loop_quit(loop);
        break;
    case GST_MESSAGE_ERROR:
        gst_message_parse_error(msg, &error, &debug);
        g_printerr("error: %s\n", error->message);
        g_free(debug);
        g_error_free(error);
        g_main_loop_quit(loop);
        break;
    default:
        break;
    }

    return TRUE;
}

int main(int argc, char *argv[])
{
    GMainLoop *loop;
    GstElement *pipeline;
    GstElement *filesrc0;
    GstElement *wavparse0;
    GstElement *alsasink0;
    GstBus *bus;

    gst_init(&argc, &argv);
    loop = g_main_loop_new(NULL, FALSE);

    pipeline = gst_pipeline_new("pipeline");
    if (!pipeline) {
        g_printerr("%d gst_pipeline_new error \n", __LINE__);
        return -1;
    }
```

```
    filesrc0 = gst_element_factory_make("filesrc", "filesrc0");
    if (!filesrc0) {
        g_printerr("%d gst_element_factory_make error \n", __LINE__);
        return -1;
    }

    wavparse0 = gst_element_factory_make("wavparse", "wavparse0");
    if (!wavparse0) {
        g_printerr("%d gst_element_factory_make error \n", __LINE__);
        return -1;
    }

    alsasink0 = gst_element_factory_make("alsasink", "alsasink0");
    if (!alsasink0) {
        g_printerr("%d gst_element_factory_make error \n", __LINE__);
        return -1;
    }

    bus = gst_pipeline_get_bus(GST_PIPELINE(pipeline));
    gst_bus_add_watch(bus, bus_callback, loop);
    gst_object_unref(bus);

    if (argv[1] == NULL) {
        printf("Missing parameter location for filesrc !!!!!!\n");
        return -1;
    }
    g_object_set(G_OBJECT(filesrc0), "location", argv[1], NULL);

    gst_bin_add_many(GST_BIN(pipeline), filesrc0, wavparse0, alsasink0, NULL);
    gst_element_link_many(filesrc0, wavparse0, alsasink0, NULL);
    gst_element_set_state(pipeline, GST_STATE_PLAYING);
    g_main_loop_run(loop);

    gst_element_set_state(pipeline, GST_STATE_NULL);
    gst_object_unref(GST_OBJECT(pipeline));
    g_main_loop_unref(loop);

    return 0;
}
```

（3）执行如下指令编译程序，注意修改文件名：

```
gcc gst_audioplay.c -o gst_audioplay `pkg-config --cflags --libs gstreamer-1.0`
```

（4）执行如下指令即可运行，注意根据实际情况替换文件名称：

```
./gst_audioplay gst_audioplay.c.wav
```

第 8 章

图像处理及相关的设计实例

飞腾教育开发板支持多种编程语言，由于 Python 在图像处理方面较为便捷，因此本章将基于 OpenCV-Python 图像处理技术介绍一些图像处理方面的基础知识，需要在 Linux 下配置 OpenCV 和 Python 环境。其中 Python 使用系统自带的版本即可，OpenCV 的安装可参考 4.8 节。当 OpenCV 安装完成后，需要在环境变量中添加 Python 的路径，随后进入 Python 交互式界面执行 import cv2 指令，若没有报错，则说明安装成功。

需要注意的是，NumPy 是一个用于处理大型矩阵的库，同样需要在环境中预先安装，若不安装，则安装 OpenCV 后将不能编译 Python 模块。在 Python 官网下载 NumPy 安装包，经过解压后直接安装即可。

8.1 图像处理基础知识

图像是由像素组成的，像素如同图像中的小方格，每个像素都有一个明确的坐标和色彩值。图像的展示效果取决于坐标和色彩值。像素是图像中最小的单位，每个点阵图像包含一定的像素，这些像素决定了图像在屏幕中展现的大小。常用的图像有二值图像、灰度图像和彩色图像。

二值图像是指图像中的每一个像素只有两种可能的取值或灰度等级状态，人们经常用黑/白、B&W、单色图像表示二值图像。二值图像中的任何像素的灰度值均为 0 或 255，分别代表黑色和白色。

灰度图像：图像除了黑色和白色，还有灰色，灰色被划分成 256 种不同的等级。与二值图像相比，灰度图像更为清晰。将彩色图像转成灰度图像是最基本的预处理操作，通常包括以下几种方法。

（1）浮点算法：Gray= $R\times0.3+G\times0.59+B\times0.11$。

（2）整数方法：Gray=（$R\times30+G\times59+B\times11$）/100。

（3）移位方法：Gray=（R×76+G×151+B×28）>>8。

（4）平均值法：Gray=（R+G+B）/3。

（5）仅取绿色法：Gray= G。

在通过上述任意一种方法求得 Gray 后，将原来的彩色图像中的 R、G、B 分量值统一替换为 Gray，即可得到灰度图像。

彩色图像：彩色图像是指每个像素由 R、G、B 3 个分量构成的图像，其中 R、G、B 分别表示红、绿、蓝三原色的占比，计算机中的所有颜色都是由三原色按不同比例组成的。

8.1.1 读取、显示、保存图像

（1）读取图像：

```
img=cv2.imread(文件名,参数)
```

其中，参数有如下 4 个。

cv2.IMREAD_UNCHANGED，表示读取不可变图像。

cv2.IMREAD_GRAYSCALE，表示读取灰度图像。

cv2.IMREAD_COLOR，表示读取彩色图像。

cv2.COLOR_BGR2RGB，表示图像通道由 BGR 转成 RGB。

（2）显示图像：

```
cv2.imshow(窗口名,图像名)
```

其中，窗口名是字符串类型的，可以创建多个不同名称的窗口。

（3）窗口等待：

```
cv.waitKey(delay)
```

该函数是键盘绑定函数，delay 表示等待毫秒数，如果没有调用此函数，图像显示一下后会立马消失。delay 等于 0 表示无限制地等待（按任意键退出），delay 大于 0 表示所需等待的毫秒数，delay 小于 0 表示敲击键盘就会关闭。

（4）删除窗口：

```
cv2.destroyAllWindows()
```

表示删除所有窗口。

```
cv2.destroyWindow(窗口名)
```

表示删除指定窗口。

（5）保存图像：

```
cv2.imwrite(文件地址, 文件名)
```

读取、显示、保存图像示例程序如下：

```
import cv2
img=cv2.imread('1.jpg')
```

```
cv2.imshow('Demo',img)
cv2.waitKey(0)
cv2.destroyAllWindows()
cv2.imwrite('1_1.jpg',img)
```

程序运行结果如图 8-1 所示。

图 8-1　程序运行结果

8.1.2　获取图像属性

（1）获取图像的形状（shape）：

```
import cv2
img = cv2.imread('result.jpg',cv2.IMREAD_UNCHANGED)
printf(img.shape)
```

通过 shape 关键字可以获取图像的形状，返回包含行数、列数、通道数的元组。对于灰度图像而言，返回行数和列数；对于彩色图像而言返回行数、列数和通道数。

（2）获取图像的像素数目（size）：

```
import cv2
img=cv2.imread('result.jpg',cv2.IMREAD_UNCHANGED)
print(img.size)
```

通过 size 关键字可以获取图像的像素数目。对于灰度图像而言，返回行数、列数；对于彩色图像而言，返回行数、列数、通道数。

（3）获取图像的类型（dtype）：

```
import cv2
img=cv2.imread('result.jpg',cv2.IMREAD_UNCHANGED)
print(img.dtype)
```

通过 dtype 关键字可以获取图像的类型，通常返回 unit8。

8.1.3 图像的通道拆分与合并

1. 通道拆分

OpenCV 读取的彩色图像由 B、G、R 三原色组成，可以通过如下两种方法获取不同的通道。

方法一：

```
b=img[位置参数,0]
g=img[位置参数,0]
r=img[位置参数,0]
```

方法二：

```
b,g,r=cv2.split(img)
```

2. 通道合并

图像的通道合并主要是通过调用 merge 函数实现的：

```
m=cv2.merge([r,g,b])
```

图像的通道拆分与合并示例程序如下：

```
import cv2
img=cv2.imread('result.jpg',cv2.IMREAD_UNCHANGED)
# 拆分通道
b,g,r=cv2.split(img)
# 合并通道
m=cv2.merge([r,g,b])
cv2.imshow('Demo',m)
cv2.waitKey(0)
cv2.destroyAllWindows()
```

8.1.4 图像的加法与融合运算

1. 图像的加法运算

（1）借助 NumPy 库进行加法运算：

```
目标图像的像素=图像 1 的像素+图像 2 的像素
```

对运算结果进行取模运算，具体有如下两种情况。

- 当像素值≤255 时，结果为“图像 1 的像素+图像 2 的像素”，如 120+48=168。
- 当像素值≥255 时，结果为对 255 取模的结果，如（255+56）% 255=56。

（2）OpenCV 加法运算：

```
目标图像的像素=cv2.add(图像 1 的像素,图像 2 的像素)
```

此时结果为饱和运算，具体有如下两种情况。

- 当像素值≤255 时，结果为“图像 1 的像素+图像 2 的像素”，如 120+48=168。

- 当像素值≥255 时，结果为 255。

图像加法运算示例程序如下：

```
import cv2
img=cv2.imread('1.jpg',cv2.IMREAD_UNCHANGED)
test=img
# 方法一：NumPy 加法运算
result1=img+test
# 方法二：OpenCV 加法运算
result2=cv2.add(img,test)
# 显示图像
cv2.imshow('original',img)
cv2.imshow('result1_NumPy',result1)
cv2.imshow('result2_OpenCV',result2)
cv2.waitKey(0)
cv2.destroyAllWindows()
```

图像加法运算示例程序运行结果如图 8-2 所示。

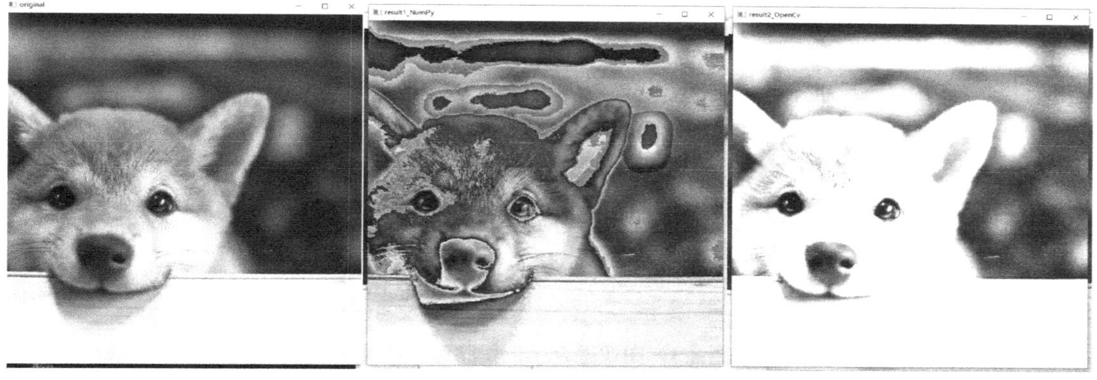

图 8-2　图像加法运算示例程序运行结果

需要注意的是，参与运算的图像的大小和类型必须一致。

2. 图像的融合运算

图像的融合通常是指将两张或两张以上的图像信息融合到一张图像上。融合后的图像含有更多信息，便于人们观察或计算机处理。

图像融合运算在图像加法运算的基础上增加了系数和亮度调节量。

（1）图像加法运算：

```
目标图像=图像 1+图像 2
```

（2）图像融合运算：

```
目标图像=图像 1*系数 1+图像 2*系数 2+亮度调节量
```

图像融合主要是通过调用 addWeighted 函数实现的：

```
# dst=src1*alpha+src2*beta+gamma
dst=cv2.addWeighted(src1,alpha,src2,beta,gamma)
```

其中，参数 gamma 不能省略。

需要注意的是，两张融合的图像的大小必须一致。

图像融合示例程序如下：

```
import cv2
src1=cv2.imread('1.jpg')
src2=cv2.imread('2.jpg')
# 图像融合
result=cv2.addWeighted(src1,1,src2,0)
cv2.imshow('src1',src1)
cv2.imshow('src2',src2)
cv2.imshow('result',result)
cv2.waitKey(0)
cv2.destroyAllWindows()
```

图像融合示例程序运行结果如图 8-3 所示。

图 8-3　图像融合示例程序运行结果

只需修改 addWeighted 函数中的参数，即可设置不同的融合系数。

8.1.5　图像类型转换

图像类型转换是指将图像由一种类型转换为另一种类型，如将彩色图像转换为灰度图像、将 BGR 图像转换为 RGB 图像。OpenCV 提供了 200 多种不同类型图像之间的转换方法，其中最常用的转换有三种，格式如下：

```
result=cv2.cvtColor(图像,参数)
```

其中，参数有以下三种。

（1）cv2.COLOR_BRG2GRAY，表示将彩色图像转换为灰度图像，类似于 MATLAB 中的 rgb2gray 函数。

（2）cv2.COLOR_BGR2RGB，表示将 BGR 图像转换为 RGB 图像。

（3）cv2.COLOR_GRAY2BGR，表示将灰度图像转换为 BGR 图像。

将彩色图像转换为灰度图像示例程序如下：

```
import cv2
img=cv2.imread('result.jpg')
# 图像类型转换
result =cv2.cvtColor(img,cv2.COLOR_BRG2GRAY)
# 显示图像
cv2.imshow('src',img)
cv2.imshow('result',result)
cv2.waitKey(0)
cv2.destroyAllWindows()
```

将彩色图像转换为灰度图像示例程序运行结果如图 8-4 所示。

图 8-4　将彩色图像转换为灰度图像示例程序运行结果

将 BGR 图像转换为 RGB 图像示例程序如下：

```
import cv2
img=cv2.imread('result.jpg')
# 图像类型转换
result =cv2.cvtColor(img,cv2.COLOR_BGR2RGB)
# 显示图像
cv2.imshow('src',img)
cv2.imshow('result',result)
cv2.waitKey(0)
cv2.destroyAllWindows()
```

将灰度图像转换为 BGR 图像示例程序如下：

```
import cv2
img=cv2.imread("result.jpg")
# 图像类型转换
result =cv2.cvtColor(img,cv2.COLOR_GRAY2BGR)
# 显示图像
```

```
cv2.imshow('src',img)
cv2.imshow('result',result)
cv2.waitKey(0)
cv2.destroyAllWindows()
```

8.1.6 图像的缩放、旋转、翻转和平移

1. 图像缩放

图像缩放主要是通过调用 resize 函数实现的，具体格式如下：

```
result=cv2.resize(src,dsize[,result[.fx,fy[,interpolation]]])
```

其中，src 表示原始图像；dsize 表示图像缩放的大小；fx 和 fy 也可以表示缩放大小的倍数，dsize 和 fx/fy 设置一个即可实现图像的缩放。例如：

```
result=cv2.resize(src,(160,60))
```

或

```
result=cv2.resize(src,None,fx=0.5,fy=0.5)
```

图像缩放示例程序如下：

```
import cv2
src=cv2.imread('1.jpg')
# 图像缩放，设置 dsize 为 200 列，100 行
result=cv2.resize(src,(200,100))
print(result.shape)
cv2.imshow('src',src)
cv2.imshow('result',result)
cv2.waitKey(0)
cv2.destroyAllWindows()
```

也可以通过先获取原始图像像素，再乘以缩放系数，实现图像转换，具体程序如下：

```
import cv2
src=cv2.imread('1.jpg')
rows,cols=src.shape[:2]
# 图像缩放 dsize(列,行)
result=cv2.resize(src,(int(cols*0.6),int(rows*0.4)))
cv2.imshow('src',src)
cv2.imshow('result',result)
cv2.waitKey(0)
cv2.destroyAllWindows()
```

通过设置参数 fx 和 fy 来实现图像的缩放，具体程序如下：

```
import cv2
src=cv2.imread('1.jpg')
# 图像缩放
result=cv2.resize(src,None,fx=0.3,fy=0.3)
```

```
cv2.imshow('src',src)
cv2.imshow('result',result)
cv2.waitKey(0)
cv2.destroyAllWindows()
```

上述程序运行结果如图 8-5 所示。

图 8-5　程序运行结果

2．图像旋转

图像旋转主要是通过调用 getRotationMatrix2D 函数和 warpAffine 函数实现的，具体格式如下：

```
M=cv2.getRotationMatrix2D((cols/2,rows/2),30,1)
```

其中，(cols/2,rows/2)为旋转中心；30 为旋转角度；1 表示缩放比例。

```
rorated=cv2.warpAffine(src,M,(cols,rows))
```

其中，src 表示原始图像；M 表示旋转角度；(cols,rows)表示原始图像宽和高。

图像旋转示例程序如下：

```
import cv2
src=cv2.imread('1.jpg')
# 原始图像的高度、宽度及通道数
rows,cols,channel=src.shape
# 绕图像中心旋转 30°
M=cv2.getRotationMatrix2D((cols/2,rows/2),30,1)
rotated=cv2.warpAffine(src,M,(cols,rows))
cv2.imshow('src',src)
cv2.imshow('rotated',rotated)
cv2.waitKey(0)
cv2.destroyAllWindows()
```

图像旋转示例程序运行结果如图 8-6 所示。

图 8-6　图像旋转示例程序运行结果

注意：参数中的旋转度数若为正数，则表示沿逆时针方向旋转；若为负数，则表示沿顺时针方向旋转。

3. 图像翻转

在 OpenCV 中图像翻转是通过调用 flip 函数实现的，具体格式如下：

```
dst=cv2.flip(src,flipCode)
```

其中，src 表示原始图像；flipCode 表示翻转方向，若 flipCode=0，则以 *X* 轴为对称轴翻转；若 flipCode＞0，则以 *Y* 轴为对称轴翻转；若 flipCode＜0，则在 *X* 轴和 *Y* 轴方向同时翻转。

图像翻转示例程序如下：

```
import cv2
import matplotlib.pyplot as plt
img=cv2.imread('1.jpg')
src=cv2.cvtColor(img,cv2.COLOR_BGR2RGB)
# 图像翻转
# 0 表示以 X 轴为对称轴翻转，1 表示以 Y 轴为对称轴翻转，-1 表示在 X 轴和 Y 轴方向同时翻转
img1=cv2.flip(src,0)
img2=cv2.flip(src,1)
img2=cv2.flip(src,-1)
# 显示图像，注意一个窗口显示多张图像的方法
titles=['Source', 'Img1', 'Img2', 'Img3']
images=[src,img1,img2,img3]
for i in range(4):
plt.subplot(2,2,i+1),plt.imshow(images[i], 'gray')
plt.title(titles[i])
plt.xticks([]),plt.yticks([])
plt.show()
cv2.waitKey(0)
cv2.destroyAllWindows()
```

图像翻转示例程序运行结果如图 8-7 所示。

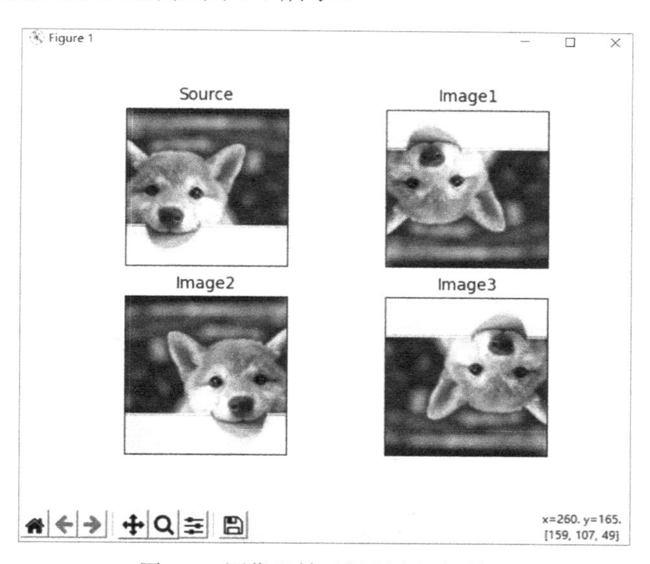

图 8-7　图像翻转示例程序运行结果

4．图像平移

图像平移是通过先定义平移矩阵 M，再调用 warpAffine 函数实现的，核心函数格式如下：

```
M=np.float32([[1,0,x],[0,1,y]])
shifted=cv2.warpAffine(image,M,(image.shape[1],image.shape[0]))
```

图像平移示例程序如下：

```
import cv2
import numpy as np
import matplotlib.pyplot as plt
img=cv2.imread('1.jpg')
image=cv2.cvtColor(img,cv2.COLOR_BGR2RGB)
# 图像向上、向下、向左、向右平移
M=np.float32([[1,0,0],[0,1,-100]])
img1=cv2.warpAffine(img,M,(image.shape[1],image.shape[0]))
M=np.float32([[1,0,0],[0,1,100]])
img2=cv2.warpAffine(img,M,(image.shape[1],image.shape[0]))
M=np.float32([[1,0,-100],[0,1,0]])
img3=cv2.warpAffine(img,M,(image.shape[1],image.shape[0]))
M=np.float32([[1,0,100],[0,1,0]])
img4=cv2.warpAffine(img,M,(image.shape[1],image.shape[0]))
titles=[ 'Img1', 'Img2', 'Img3', 'Img4']
images=[img1,img2,img3,img4]
for i in range(4):
```

```
    plt.subplot(2,2,i+1),plt.imshow(images[i], 'gray')
    plt.title(titles[i])
    plt.xticks([]),plt.yticks([])
plt.show()
cv2.waitKey(0)
cv2.destroyAllWindows()
```

图像平移示例程序运行结果如图 8-8 所示。

图 8-8　图像平移示例程序运行结果

8.2 图像对比度的增强

对比度是指图像中明暗区域最亮的白和最暗的黑之间的亮度差异，也就是说，修改图像的对比度就是改变最亮的白和最暗的黑之间的亮度差异，从而改变图像的整体亮度。调节图像的对比度在很多情况下是非常重要的，如解决图像过亮或过暗的问题，或者使图像具有更强烈的对比度。灰度差异越大表示对比度越大，灰度差异越小表示对比度越小，当对比度为 120∶1 时，可以显示生动、丰富的色彩；当对比度为 300∶1 时，便可支持各阶的颜色。

图像增强是图像处理的永恒话题，一般来说都是基于灰度直方图的图像增强，如灰度直方图归一化和均衡化。图像对比度增强的主要目的如下。

（1）改善图像的视觉效果。

（2）将图像转换为更适合人或机器分析处理的形式。

（3）突出图像中对人或机器分析处理有用的信息。

（4）抑制图像中的无用信息，提高图像的使用价值。

图像增强主要有如下四种分类方法。

（1）按照处理对象，图像增强可分为灰度图像增强和（伪）彩色图像增强。

（2）按照处理策略，图像增强可分为全局增强和局部增强。

（3）按照处理方法，图像增强可分为空间域方法（点域运算，即灰度变换；邻域运算，即空域滤波）和频域方法。

（4）按照处理目的，图像增强可分为图像锐化、平滑去噪和灰度调整（对比度增强）。

本节将从图像对比度增强的角度对图像进行处理，以达到图像增强的目的。

8.2.1 图像灰度化

1. 图像灰度化的目的

处理三个通道的数据比较复杂，先对图像进行灰度化处理，灰度图像的描述与彩色图像一样，也可以反映图像的整体和局部的色度及高亮等级的分布和特征。

2. 图像灰度化原理

图像灰度化是将一幅彩色图像转换为灰度图像的过程。彩色图像通常包括 R、G、B 三个通道，分别显示红、绿、蓝三种颜色，灰度化就是使彩色图像的 R、G、B 三个通道的值相等。灰度图像中每个像素仅具有一种颜色，其灰度是位于黑色与白色之间的多级色彩深度。灰度值大的像素比较亮，灰度值小的像素比较暗，像素值最大为 255（表示白色），像素值最小为 0（表示黑色）。

图像灰度化的核心思想是 $R=G=B$，这个值也叫灰度值。

3. 图像灰度化的两种方法

（1）直接灰度化。

在读取图像的时候，直接将图像转化为灰度图像：

```
import cv2
img=cv2.imread('1.jpg',cv2.IMREAD_GRAYSCALE)
```

（2）先读取再灰度化：

```
import cv2
img=cv2.imread('1.jpg')
grey_img=cv2.cvtColor(img,cv2.COLOR_BGR2GRAY)
```

图像灰度化示例程序如下：

```
import cv2
img=cv2.imread('1.jpg')
gray=cv2.cvtColor(img,cv2.COLOR_BGR2RGB)
cv2.imshow('img',gray)
cv2.waitKey(0)
cv2.destroyAllWindows()
```

8.2.2 灰度直方图

绘制图像的灰度直方图就是把图像中的各个像素值的个数统计出来，并画图。从灰度直方图中可以看出当前图像哪个像素值的个数最多；同时可以看出当前图像总体的像素值范围。灰度直方图总体结果接近 0，表明图像偏暗；灰度直方图总体结果靠近 255，表明图像偏亮。

绘制图像的灰度直方图示例程序如下：

```
import cv2
import numpy as np
import matplotlib.pyplot as plt
import math
# 绘制灰度直方图
def calcGrayHist(image):
# 灰度图像的高度、宽度
rows,cols=image.shape
# 存储灰度直方图
grayHist=np.zeros([256],np.uint64)
for r in range(rows):
        for c in range(cols):
        grayHist[image[r][c]] +=1
return grayHist
img=cv2.imread("1.jpg",cv2.IMREAD_GRAYSCALE)
grayHist=calcGrayHist(img)
# 采用 matplotlib 画图
x_range=range(256)
plt.plot(x_range,grayHist, "r",linewidth=2,c="black")
plt.show()
```

绘制图像的灰度直方图示例程序运行结果如图 8-9 所示。

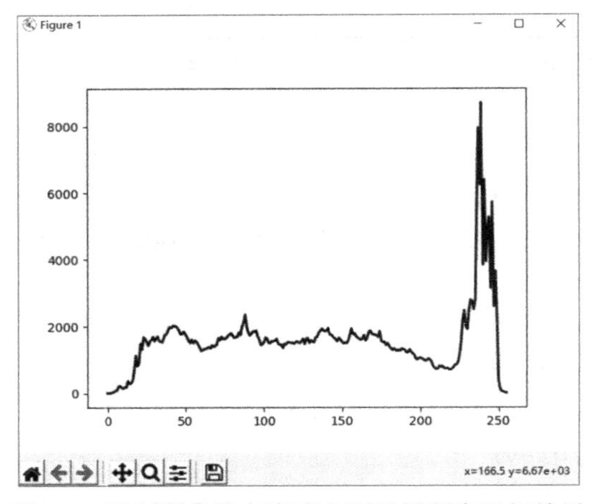

图 8-9 绘制图像的灰度直方图示例程序运行结果

8.2.3　灰度直方图均衡化

灰度直方图均衡化主要是通过调用 OpenCV 提供的 equalHist 函数实现的。灰度直方图均衡化主要分为以下四个步骤。

（1）计算图像的灰度直方图。

（2）计算累加灰度直方图。

（3）根据累加灰度直方图和灰度直方图均衡化原理得到输入灰度级和输出灰度级之间的映射关系。

（4）根据得到的映射关系，循环得到输出图像的每一个像素的灰度级。

灰度直方图均衡化示例程序如下：

```
import cv2
import numpy as np
import matplotlib.pyplot as plt
import math
def calcGrayHist(image):
    rows, cols = image.shape
    grayHist = np.zeros([256], np.uint64)
    for r in range(rows):
        for c in range(cols):
            grayHist[image[r][c]] += 1
    return grayHist
# 灰度直方图均衡化
def equalHist(image):
    # 灰度图像矩阵的高和宽
    rows,cols = image.shape
    # 计算灰度直方图
    grayHist = calcGrayHist(image)
    # 计算累加灰度直方图
    zeroCumuMoment = np.zeros([256], np.uint32)
    for p in range(256):
        if p == 0:
            zeroCumuMoment[0] = grayHist[0]
        else:
            zeroCumuMoment[p] = zeroCumuMoment[p-1]+grayHist[p]
    # 根据累加灰度直方图得到输入灰度级和输出灰度级之间的映射关系
    output_q = np.zeros([256], np.uint8)
    cofficient = 256.0 / (rows*cols)
    for p in range(256):
        q = cofficient * float(zeroCumuMoment[p]) - 1
        if q >= 0:
            output_q[p] = math.floor(q)
```

```
            else:
                output_q[p] = 0
        # 得到灰度直方图均衡化后的图像
        equalHistImage = np.zeros(image.shape, np.uint8)
        for r in range(rows):
            for c in range(cols):
                equalHistImage[r][c] = output_q[image[r][c]]
        return equalHistImage

    image = cv2.imread('2.jpg', cv2.IMREAD_GRAYSCALE)
    grayHist = equalHist(image)
    cv2.imshow('origin_image', image)
    cv2.imshow('equal_image', grayHist)
    cv2.waitKey(0)
    cv2.destroyAllWindows()
```

图像灰度直方图均衡化示例程序运行结果 1 如图 8-10 所示。

图 8-10　图像灰度直方图均衡化示例程序运行结果 1

可以看出图像灰度直方图均衡化后的效果不是很明显，由图 8-9 可知原始图像的灰度直方图的总体结果靠近 255，表明图像偏亮。在此我们选择另一张偏暗的图像再次进行测试，程序运行结果如图 8-11 所示。

图 8-11　图像灰度直方图均衡化示例程序运行结果 2

通过对比可知，原始图像偏暗，其灰度直方图均衡化效果比较明显。

8.2.4　灰度线性变换

图像的灰度线性变换是指通过建立灰度映射来调整原始图像的灰度，目的是改善图像的质量、凸显图像的细节、提高图像的对比度。灰度线性变换的公式如下：

$$D_{\mathrm{B}} = f\left(D_{\mathrm{A}}\right) = \alpha D_{\mathrm{A}} + b \tag{8-1}$$

式中，D_{B} 表示灰度线性变换后的灰度值；D_{A} 表示原始图像的灰度值；α 和 b 分别表示斜率和截距，是线性变换方程 $f()$ 的参数。

当 $\alpha=1$，$b=0$ 时，保持原始图像。

当 $\alpha=1$，$b\neq0$ 时，图像所有的灰度值上移或下移。

当 $\alpha=-1$，$b=255$ 时，原始图像的灰度值反转。

当 $\alpha>1$ 时，输出图像的对比度增强。

当 $0<\alpha<1$ 时，输出图像的对比度减小。

当 $\alpha<0$ 时，原始图像暗区域变亮，亮区域变暗。

图像对比度增强的灰度线性变换示例程序如下所示：

```
import cv2
import numpy as np
img=cv2.imread('1.jpg')
grayimage=cv2.cvtColor(img,cv2.COLOR_BGR2GRAY)
height=grayimage.shape[0]
width=grayimage.shape[1]
result=np.zeros((height,width),np.uint8)
# 图像对比度增强变换
for i in range(height):
    for j in range(width):
        if (int(grayimage[i,j]*1.5)>255):
            gray=255
        else:
            gray=int(grayimage[i,j]*1.5)
        result[i,j]=np.uint8(gray)
cv2.imshow('Gray Image',grayimage)
cv2.imshow("Result",result)
cv2.waitKey(0)
cv2.destroyAllWindows()
```

图像对比度增强的灰度线性变换示例程序运行结果如图 8-12 所示。

图 8-12　图像对比度增强的灰度线性变换示例程序运行结果

8.2.5　伽马变换

伽马变换通常用于矫正在电视和监视器系统中重现的摄像机拍摄的画面，在图像处理中也可用于调节图像的对比度，减少图像局部阴影，光照不均对图像的影响。伽马变换又称指数变换或幂次变换，是一种常用的灰度非线性变换方法。灰度伽马变换的公式一般表示如下：

$$D_{\mathrm{B}} = c \times D_{\mathrm{A}}^{\gamma} \tag{8-2}$$

伽马函数图像示意图如图 8-13 所示。

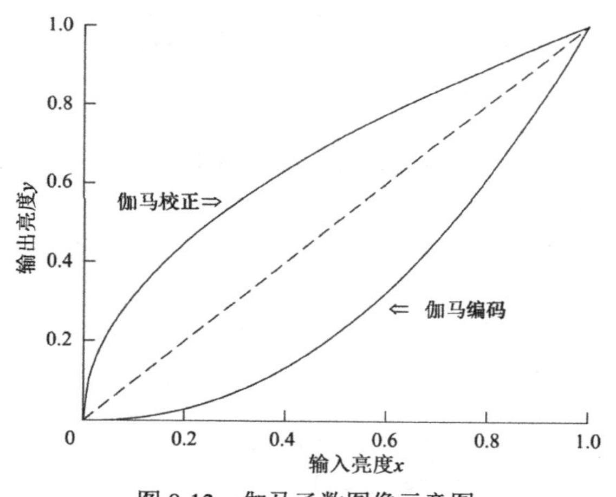

图 8-13　伽马函数图像示意图

根据图 8-13 可以看出如下内容。

（1）当 γ<1 时，在低灰度值区域内，动态范围变大，图像对比度增强（当 $x\in$ [0,0.2]时，y 的范围从[0,0.218]扩大到[0,0.42]）；在高灰度值区域内，动态范围变小，图像对比度降低（当 $x\in$ [0.8,1]时，y 的范围从[0.8,1]缩小到[0.88,1]，同时，图像整体的灰度值变大）。简单来说就是，当 γ<1 时，进行伽马变换会扩大图像中灰度级较低的区域，缩小图像中灰度级较高的区域。

（2）当 $\gamma>1$ 时，低灰度值区域的动态范围变小，高灰度值区域的动态范围变大，图像低灰度值区域对比度降低，图像高灰度值区域对比度增大。同时，图像整体的灰度值变小。简单来说就是，当 $\gamma>1$ 时，进行伽马变换会扩大图像中灰度级较高的区域，缩小图像中灰度级较低的区域。

（3）当 $\gamma=1$ 时，该伽马变换是线性的，此时通过线性方式改变原图像。

在一幅图像的像素值都比较大（曝光过度），或者比较小（曝光不足）的情况下，选用合理的 γ 值能降低或提高其颜色亮度，并使颜色分布得更均匀和丰富，图像效果得到明显改善。但是这种方法并不适用于所有在曝光上有缺陷的图像，在使用伽马变换时必须注意这一点。

一幅曝光过度的图像中存在颜色较暗的区域（如背光面、阴影、颜色较深的物体），由图 8-13 可以看出，若选取较小的 γ 值，则过度曝光现象得不到改善；若选取较大的 γ 值，则过度曝光区会变成黑乎乎的一片。同样，一幅曝光不足的图像存在颜色较亮的区域（如天空、白色背景、反光物等），若选取较大的 γ 值，则曝光不足现象得不到改善；若选取较小的 γ 值，则过度曝光区变得更亮。

因此，虽然伽马变换对图像的曝光率具有较好的调整效果，但是若素材敏感差异较大，在调整较暗或较亮区域时，要注意减少对较暗或较亮区域的影响。

使用 Python 通过除以最大像素值来实现伽马变换，先将图像像素值调整到 0~1，然后进行不同 γ 值的伽马变换，具体程序如下：

```
import cv2
import numpy as np
# 伽马变换
def gamma(img,c,gamma):
# 映射表必须为 0~255（改成其他值会报错）
gamma_table=c*[np.power(x/255.0,gamma)*255.0 for x in range(256)]
# NumPy 数组默认数据类型为 int32，需要将数据类型转换为适合 OpenCV 图像的 uint8
# round 方法返回浮点数 x 四舍五入后的值
gamma_table=np.round(np.array(gamma_table)).astype(np.uint8)
output_img=cv2.LUT(img,gamma_table)
return output_img
def gamma_1(img,c,gamma):
    output_img=c*np.power(img/float(np.max(img)),gamma)*255.0
    output_img=np.uint8(output_img)
    return output_img
img=cv2.imread('1.jpg')
gray=cv2.cvtColor(img,cv2.COLOR_BGR2GRAY)
# 图像灰度伽马变换
result=gamma(gray,1,0.4)
cv2.imshow('Image',img)
```

```
cv2.imshow('Result',result)
cv2.waitKey(0)
cv2.destroyAllWindows()
```

增强图像对比度的伽马变换示例程序运行结果如图 8-14 所示。

图 8-14　增强图像对比度的伽马变换示例程序运行结果

8.3 图像加噪

8.3.1　添加椒盐噪声

椒盐噪声是一种由信号脉冲强度引起的噪声。信噪比（Signal-To-Noise Ratio）是一个衡量图像噪声的指标。

给图像添加椒盐噪声的一般步骤如下。

（1）指定信噪比（SNR）取值范围为[0,1]。

（2）计算总像素数目（SP），得到要添加椒盐噪声的像素数目 NP=SP×(1-SNR)。

（3）随机获取要添加椒盐噪声的像素的位置 $P(i,j)$。

（4）指定该像素的像素值为 255 或 0。

（5）重复步骤（3）、步骤（4），对需要添加椒盐噪声的 NP 个像素加噪。

（6）输出添加椒盐噪声后的图像。

为图像添加椒盐噪声示例程序如下：

```
import cv2
import numpy as np
def imshow(x):
    cv2.imshow('image',x.astype('uint8'))
    cv2.waitKey(0)
    cv2.destroyAllWindows()
x=cv2.imread('1.jpg',0)
y=cv2.resize(x,dsize=(800,700))
```

```
noise=np.random.randint(0,256,size=y.shape)
# 设定一个阈值，像素值大于该阈值的取 255，像素值小于该阈值的取 0
noise=np.where(noise>250,250,0)
# 读入的图像的类型是 uint8，若直接相加，则不会截取，而是自动对 256 取余
# 因此我们需要将图像的类型转换为浮点型后再相加
noise=noise.astype('float')
y=y.astype('float')
y=y+noise
#图像的类型都是浮点型，对于像素值大于 255 的，进行截取
y=np.where(y>255,255,y)
y=y.astype('uint8')
imshow(y)
```

为图像添加椒盐噪声示例程序运行结果如图 8-15 所示。

图 8-15　为图像添加椒盐噪声示例程序运行结果

8.3.2　添加高斯噪声

高斯噪声是指概率密度函数服从高斯分布（正态分布）的噪声。高斯噪声和椒盐噪声不同的是，椒盐噪声是出现在随机位置的、噪点深度基本固定的噪声，而高斯噪声是几乎出现在所有像素上的、噪点深度随机的噪声。

高斯分布具体公式如下：

$$f(x)=\frac{1}{\sqrt{2\pi}\sigma}\exp\left(-\frac{(x-\mu)^2}{2\sigma^2}\right) \tag{8-3}$$

通过上述公式可以知道高斯分布中有平均值 μ 和标准差 σ 两个参数。每个输入像素通过与符合高斯分布的随机数相加得到输出像素：

$$P_{\text{out}}=P_{\text{in}}+F(\mu,\sigma)$$

为图像添加高斯噪声的一般步骤如下。

（1）设定参数平均值和标准差。

（2）产生一个符合高斯分布的随机数。

（3）根据输入像素计算输出像素。

（4）将像素值限制在[0,255]之间。

（5）循环上述步骤，直至得到所有输入像素对应的输出像素。

（6）输出图像。

为图像添加高斯噪声示例程序如下：

```
import cv2
import numpy as np
def imshow(x):
    cv2.imshow('image',x.astype('uint8'))
    cv2.waitKey(0)
cv2.destroyAllWindows()
x=cv2.imread('1.jpg',0)
y=cv2.resize(x,dsize=(800,700))
noise=np.random.normal(0,30,size=y.shape) #0是均值，30是标准差
y=y.astype('float')
y=y+noise
y=np.where(y>255,255,y)
y=np.where(y<0,0,y)
y=y.astype('uint8')
imshow(y)
```

为图像添加高斯噪声示例程序运行结果如图 8-16 所示。

图 8-16　为图像添加高斯噪声示例程序运行结果

8.4 图像处理基础算子

8.4.1 拉普拉斯算子

梯度值反映的是图像变化的速度。图像（使用黑色调表示物体，即黑色为基准色，利用饱和度不同的黑色来显示图像）的边缘部分的灰度值变化较大，梯度值也较大；相反，

图像中比较平滑的部分的灰度值变化较小，相应的梯度值也较小。在一般情况下，图像梯度反映的是图像的边缘信息。梯度就是导数，一般通过计算图像像素值的差来得到梯度的近似值，也可以说是近似导数。该近似导数可以用微分来表示。一维函数的一阶微分的基本定义为

$$\frac{\mathrm{d}f}{\mathrm{d}x}=\lim_{\varepsilon\to 0}\frac{f(x+\varepsilon)-f(x)}{\varepsilon} \tag{8-4}$$

对于二维图像建立一个二维函数 $f(x,y)$，其微分就是偏微分，因此有

$$\frac{\mathrm{d}f(x,y)}{\mathrm{d}x}=\lim_{\varepsilon\to 0}\frac{f(x+\varepsilon,y)-f(x,y)}{\varepsilon} \tag{8-5}$$

$$\frac{\mathrm{d}f(x,y)}{\mathrm{d}y}=\lim_{\varepsilon\to 0}\frac{f(x,y+\varepsilon)-f(x,y)}{\varepsilon} \tag{8-6}$$

拉普拉斯算子是一种用来检测图像中各个形状边缘的算法，利用了数学中的拉普拉斯变换方式。一个二维图像对应的二维函数的拉普拉斯变换是各向同性的二阶导数，定义为

$$\nabla^2 f(x,y)=\frac{\partial^2 f}{\partial x^2}+\frac{\partial^2 f}{\partial y^2} \tag{8-7}$$

因为二维图像对应的是离散的二维函数，ε 不能无限小，我们的图像是按照像素来离散的，最小的 ε 就是 1。因此，式（8-7）变成了式（8-8）（ε=1），对 x 求偏导，对 y 求偏导，即图像在(x, y)点处 x 轴方向和 y 轴方向上的梯度，从上面的表达式可以看出，图像的梯度相当于 2 个相邻像素之间的差值。

$$\nabla^2 f=\left[f(x+1,y)+f(x-1,y)+f(x,y+1)+f(x,y-1)\right]-4f(x,y) \tag{8-8}$$

拉普拉斯算子是最简单的各向同性微分算子，具有旋转不变性。与梯度算子一样，拉普拉斯算子也会增强图像中的噪声。在用拉普拉斯算子进行边缘检测时，可先对图像进行平滑处理。

图像锐化处理的作用是使灰度反差增强，从而使模糊图像变得更加清晰。图像模糊的实质就是图像进行了平均运算或积分运算，因此对图像进行逆运算可以使图像变得更清晰，如微分运算能够突出图像细节。拉普拉斯算子可增强图像中灰度突变区域，减弱灰度缓慢变化区域。因此，可选择拉普拉斯算子对原图像进行锐化处理，产生描述灰度突变的图像——拉普拉斯图像，再将拉普拉斯图像与原始图像叠加产生锐化图像。使用拉普拉斯图像进行锐化处理的基本方法可以用下式表示：

$$g(x,y)=\begin{cases}f(x,y)-\nabla^2 f(x,y)\\ f(x,y)+\nabla^2 f(x,y)\end{cases} \tag{8-9}$$

拉普拉斯锐化既可以产生拉普拉斯锐化处理效果，又能保留背景信息。将原始图像叠加到拉普拉斯图像中，可以使图像中的各灰度值得到保留，使灰度突变区域的对比度得到增强，最终结果是在保留图像背景的前提下，凸显图像的细节信息。

拉普拉斯算子实验程序如下。

（1）创建 laplace.cpp 文件：

```
root@kylin:~# touch laplace.cpp
```

（2）添加如下程序：

```
#include<opencv2/opencv.hpp>
#include<opencv2/highgui/highgui.hpp>
using namespace std;
using namespace cv;
//边缘检测
int main()
{
    Mat img = imread("jiao.jpg");
    imshow("original figure", img);
    Mat gray, dst,abs_dst;
    //高斯滤波消除噪声
    GaussianBlur(img, img, Size(3, 3), 0, 0, BORDER_DEFAULT);
    //转换为灰度图像
    cvtColor(img, gray, COLOR_RGB2GRAY);
    //使用拉普拉斯函数
    Laplacian(gray, dst, CV_16S, 3, 1, 0, BORDER_DEFAULT);
    //计算绝对值，并将结果转为 unit8 型
    convertScaleAbs(dst, abs_dst);
    imshow("laplace rendering ", abs_dst);
    waitKey(0);
}
```

（3）编译 laplace.cpp 文件：

```
root@kylin:~# g++ laplace.cpp 'pkg-config --cflags --libs opencv' -o laplace
```

拉普拉斯算子实验程序运行结果如图 8-17 所示。

图 8-17　拉普拉斯算子实验程序运行结果

8.4.2　Sobel 算子

Sobel 算子是一种用于图像边缘检测的离散微分算子，结合了高斯平滑和微分求导两种方法，通过计算图像亮度的灰度近似值来检测边缘。该算子用来计算图像明暗程度近似值，根据图像边缘附近明暗程度把该区域内超过某个数的特定点记为边缘。

当 Sobel 算子的精度为 3×3 时，横向和纵向偏导数的卷积因子计算方式的示例如下：

$$\mathbf{gx}=\begin{pmatrix}-1 & 0 & +1\\ -2 & 0 & +2\\ -1 & 0 & +1\end{pmatrix} \tag{8-10}$$

$$\mathbf{gy}=\begin{pmatrix}+1 & +2 & +1\\ 0 & 0 & 0\\ -1 & -2 & -1\end{pmatrix} \tag{8-11}$$

若用 A 表示原始图像，G_x 及 G_y 分别表示经横向及纵向边缘检测的图像灰度值，则有如下公式：

$$G_x=\mathbf{gx}\times A,\quad G_y=\mathbf{gy}\times A$$

具体计算如下。

$$\begin{aligned}G_x &= (-1)\times f(x-1,y-1) + 0\times f(x,y-1) + 1\times f(x+1,y-1) + (-2)\times f(x-1,y) + 0\times f(x,y)+2\times f(x+1,y)\\ &\quad +(-1)\times f(x-1,y+1) + 0\times f(x,y+1) + 1\times f(x+1,y+1)\\ &= [f(x+1,y-1)+2\times f(x+1,y)+f(x+1,y+1)]-[f(x-1,y-1)+2\times f(x-1,y)+f(x-1,y+1)]\end{aligned}$$

$$\begin{aligned}G_y &=1\times f(x-1,y-1) + 2\times f(x,y-1)+ 1\times f(x+1,y-1) +0\times f(x-1,y)\ 0\times f(x,y) + 0\times f(x+1,y) +(-1)\\ &\quad \times f(x-1,y+1) + (-2)\times f(x,y+1) + (-1)\times f(x+1,y+1)\\ &= [f(x-1,y-1) + 2f(x,y-1) + f(x+1,y-1)]-[f(x-1,y+1) + 2\times f(x,y+1)+f(x+1,y+1)]\end{aligned}$$

将 G_x、G_y 分别与图像进行平面卷积，即可分别得出横向及纵向的亮度差分近似值。

之后图像的每一个像素的横向及纵向灰度值通过以下公式结合：

$$G=\sqrt{{G_x}^2+{G_y}^2} \tag{8-12}$$

为了简便计算通常将上式近似为

$$|G|\approx|G_x|+|G_y| \tag{8-13}$$

之后设置阈值，若某像素的 G 大于阈值，则认为此像素为边缘点，并确定此处梯度方向角：

$$\theta=\arctan\left(\frac{G_y}{G_x}\right) \tag{8-14}$$

Sobel 算子根据像素上、下、左、右邻像素的灰度加权差在边缘处达到极值这一现象检测边缘，对噪声具有平滑作用，提供了较为精确的边缘方向信息。因为 Sobel 算子结合了高斯平滑和微分求导（分化），所以结果具有更多抗噪性，适用于对精度要求不是很高的场景。

Sobel 算法实验结果示例程序如下。

（1）创建 sobel.cpp 文件：

```
root@kylin:~# touch sobel.cpp
```

（2）添加如下程序：

```
#include<opencv2/opencv.hpp>
#include<opencv2/highgui/highgui.hpp>
using namespace std;
using namespace cv;
//边缘检测
int main()
{
    Mat img = imread("jiao.jpg");
    imshow("original figure ", img);
    Mat grad_x, grad_ y;
    Mat abs_grad_x, abs_grad_ y, dst;
    //求 x 轴方向梯度
    Sobel(img, grad_x, CV_16S, 1, 0, 3, 1, 1,BORDER_DEFAULT);
    convertScaleAbs(grad_x, abs_grad_x);
    imshow("x direction of sobel", abs_grad_x);
    //求 y 轴方向梯度
    Sobel(img, grad_y,CV_16S,0, 1,3, 1, 1, BORDER_DEFAULT);
    convertScaleAbs(grad_y,abs_grad_y);
    imshow("y direction of sobel", abs_grad_y);
    //合并梯度
    addWeighted(abs_grad_x, 0.5, abs_grad_y, 0.5, 0, dst);
    imshow("overall direction sobel", dst);
    waitKey(0);
}
```

（3）编译 sobel.cpp 文件：

```
root@kylin:~# g++ sobel.cpp `pkg-config --cflags --libs opencv` -o sobel
```

Sobel 算子实验程序运行结果如图 8-18 所示。

图 8-18　Sobel 算子实验程序运行结果

8.4.3　Canny 边缘检测算法

Canny 边缘检测算法于 1986 年由 John Canny 首次在论文“A Computational Approach to Edge Detection”中提出，此后不断被更新。Canny 边缘检测算法是一种被广泛应用于边缘检测的算法，其目标是找到一个最优的边缘检测解或找到一幅图像中灰度强度变化最强的位置。最优边缘检测主要通过低错误率、高定位性和最小响应三个标准来评价。

Canny 边缘检测算法可简要分为如下步骤：第一步使用高斯滤波器来平滑图像、滤除噪声；第二步计算图像中每个像素的梯度强度和方向；第三步应用非极大值抑制（Non-Maximum Suppression，NMS）算法来消除边缘检测带来的杂散响应；第四步应用双阈值（Double-Threshold）检测来确定真实的和潜在的边缘；第五步通过抑制孤立的弱边缘来完成边缘检测。

先简要介绍第一步中的高斯滤波器的工作原理。为了尽可能减少噪声对边缘检测结果的影响，必须滤除噪声。为了平滑图像，使用高斯滤波器与图像进行卷积，以减少 Canny 边缘检测器上明显的噪声影响。大小为$(2k+1)\times(2k+1)$的高斯滤波器卷积核的生成方程式如下：

$$H_{ij}=\frac{1}{2\pi\delta^2}\exp\left(-\frac{\left(i-(k+1)\right)^2+\left(j-(k+1)\right)^2}{2\delta^2}\right)\quad 1\leqslant i,\ j\leqslant(2k+1) \tag{8-15}$$

若图像中一个 3×3 的卷积核为 A，要进行滤波的像素为 e，则经过高斯滤波后，像素 e 的亮度值为$E=H*A$。其中，*为卷积符号。卷积核的大小将影响 Canny 边缘检测器的性能。卷积核越大，Canny 边缘检测器对噪声的敏感度越低，但是边缘检测的定位误差将略有增加，一般选择大小为 5×5 的卷积核。

Canny 边缘检测实验程序部分如下。

（1）创建 canny.cpp 文件：

```
root@kylin:~# touch canny.cpp
```

（2）添加如下程序：

```
#include<opencv2/opencv.hpp>
#include<opencv2/highgui/highgui.hpp>
using namespace std;
using namespace cv;
//边缘检测
int main()
{
    Mat img = imread("jiao.jpg");
    imshow("original figure ", img);
    Mat DstPic, edge, grayImage;
    //创建与 src 同类型和同大小的矩阵
```

```
    DstPic.create(img.size(), img.type());
    //将原始图像转化为灰度图像
    cvtColor(img, grayImage, COLOR_BGR2GRAY);
    //先使用 3×3 的卷积核来降噪
    blur(grayImage, edge, Size(3, 3));
    //运行 Canny 边缘检测器
    Canny(edge, edge, 3, 9, 3);
    imshow("Edge extraction effect ", edge);
    waitKey(0);
}
```

（3）编译 canny.cpp 文件：

```
root@kylin:~# g++ canny.cpp `pkg-config --cflags --libs opencv` -o canny
```

Canny 边缘检测实验程序运行结果如图 8-19 所示。

图 8-19　Canny 边缘检测实验程序运行结果

第 9 章

人工智能推理及项目设计

9.1 MNN

9.1.1 MNN 的特点及框架

MNN 是一个轻量级的 DNN 推理引擎，它可以在端侧加载深度学习模型进行推理预测。目前，MNN 已经被应用在手机淘宝、手机天猫、优酷等 20 多个 App 中，覆盖直播、短视频、搜索推荐、商品图像搜索、互动营销、权益发放、安全风控等场景。此外，MNN 还被应用于物联网等场景下。

1. MNN 的特点

MNN 具有如下特点。

（1）轻量性。

① MNN 主体功能（模型推理 CPU+GPU）无任何依赖，程序精简，可以方便地部署到移动设备和各种嵌入式设备中。iOS 平台有功能全开的 MNN 静态库 ARMv7+ARM64，大小为 12MB 左右，链接生成可执行文件增加大小为 2MB 左右；裁剪主体功能后静态库大小可达 6.1MB，链接生成可执行文件增加大小为 600 KB。Android 平台有主体功能 MNN 动态库 ARMv7a - c++_shared，大小为 800KB 左右。

② MNN 支持采用 Mini 编辑选项进一步降低包大小，能在上述库的基础上进一步降低 25%左右。

③ MNN 支持模型 FP16/Int8 压缩与量化，可使模型体积减小 50%～75%。

（2）通用性。

① MNN 支持 TensorFlow、Caffe、ONNX 等主流模型文件格式，支持 CNN（Convolutional Neural Network，卷积神经网络）、RNN、GAN 等主流神经网络。

② MNN 支持 149 个 TensorFlow OP、47 个 Caffe OP、74 个 ONNX OP；各计算设备支持的 MNN OP 数为 CPU 110 个，Metal 55 个，OpenCL 29 个，Vulkan 31 个。

③ MNN 支持 iOS 8.0 及以上版本、Android 4.3 及以上版本和具有 POSIX 接口的嵌入式设备。

④ MNN 支持异构设备混合计算，目前支持 CPU 和 GPU，可以动态导入 GPU OP 插件，替代 CPU OP 的实现。

（3）高性能。

① MNN 不依赖任何第三方计算库，依靠手写汇编实现核心运算，可以充分发挥 ARM CPU 的算力。

② 在 iOS 平台上，可以开启 GPU 加速（Metal），MNN 在常用模型上的速度优于苹果原生的 Core ML。

③ 在 Android 平台，MNN 提供了 OpenCL、Vulkan、OpenGL 三套方案，尽可能多地满足了设备需求，针对主流 GPU（Adreno 和 Mali）做了深度调优。

④ MNN 的卷积、转置卷积算法高效稳定，对于任意形状的卷积均能高效运行，广泛运用了 Winograd 卷积算法，可高效实现从 3×3 到 7×7 的对称卷积。

⑤ MNN 针对 ARMv8.2 的新架构额外做了优化，新设备可利用半精度计算的特性进一步实现提速。

（4）易用性。

① MNN 有高效的图像处理模块，可满足常见的形变、转换等需求，在一般情况下，无须额外引入 libyuv 或 OpenCV 库处理图像。

② MNN 支持回调机制，可以在网络运行中插入回调，提取数据或控制运行走向。

③ MNN 支持只运行网络模型中的部分路径，或者指定在 CPU 和 GPU 间并行运行。

2. MNN 框架

MNN 框架如图 9-1 所示，可以分为 Converter 和 Interpreter 两部分。

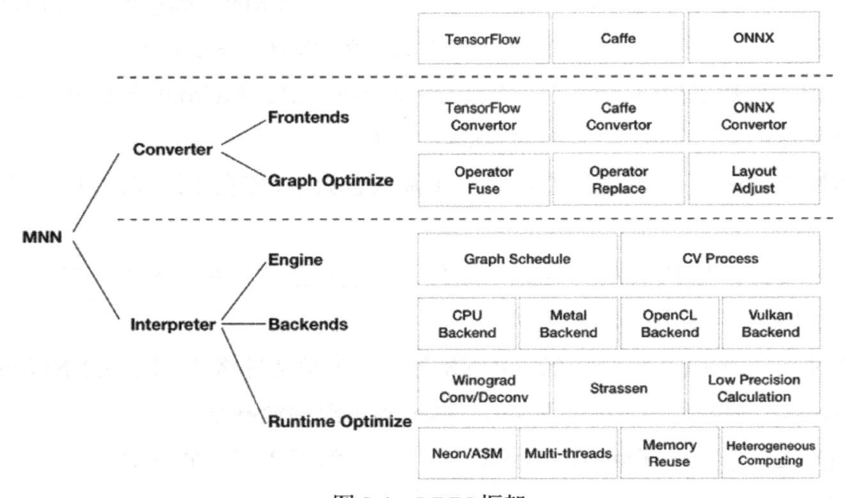

图 9-1　MNN 框架

Converter 由 Frontends 和 Graph Optimize 构成。前者负责支持不同的训练框架，MNN 当前支持 TensorFlow（Lite）、Caffe 和 ONNX（PyTorch/MXNet 的模型可先转为 ONNX 模型再转到 MNN）；后者通过算子融合、算子替代、布局调整等方式优化图像。

Interpreter 由 Engine、Backends 和 Runtime Optimize 构成。Engine 负责加载模型、计算图的调度；Backends 包含各计算设备下的内存分配、OP 实现。在 Engine 和 Backends 中，MNN 应用了多种优化方案，包括在卷积和反卷积中应用的 Winograd 算法、在矩阵乘法中应用的 Strassen 算法、低精度计算、Neon 优化、手写汇编、多线程优化、内存复用、异构计算等。

9.1.2 MNN 的工作流程

MNN 的工作流程如图 9-2 所示。在端侧应用 MNN，大致可以分为训练阶段、转换阶段和推理阶段。

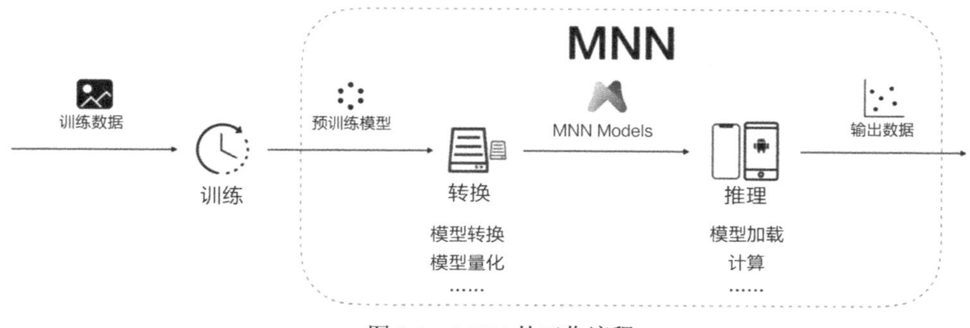

图 9-2 MNN 的工作流程

1. 训练阶段

训练阶段是在训练框架中用训练数据训练模型的阶段。虽然当前 MNN 提供了训练模型的能力，但该能力主要用于端侧训练或模型调优。在数据量较大时，建议使用成熟的训练框架，如 TensorFlow、PyTorch 等。除自行训练模型外，还可以直接利用开源的预训练模型。

2. 转换阶段

转换阶段是将其他训练框架模型转换为 MNN 模型的阶段。MNN 当前支持 TensorFlow（Lite）、Caffe 和 ONNX 的模型转换。模型转换工具的相关内容可以参考编译文档和使用说明；支持转换的算子可以参考算子列表文档。在遇到不支持的算子时，可以尝试自定义算子。

此外，模型打印工具可以用于输出模型结构，辅助调试。

除模型转换工具外，MNN 还提供了模型量化工具。利用模型量化工具可以对浮点模型进行量化压缩。

3. 推理阶段

推理阶段是在端侧加载 MNN 模型进行推理的阶段。端侧运行库的编译请参考各平台的编译文档。demo/exec 目录下提供了使用实例，如图像识别文件 pictureRecognition.cpp、图像实例分割（人像分割）文件 segment.cpp。

此外，测试工具和 Benchmark 工具可以用于 MNN 模型的问题定位。

9.1.3 MNN 运行实例

（1）安装 MNN 依赖组件：

```
root@kylin ~# apt-get install git libprotobuf-dev protobuf-compiler
```

（2）下载 MNN 推理引擎：

```
root@kylin: ~# git clone https://gitee.com/mirrors/mnn.git
```

（3）编译 MNN 推理引擎，编译时间大约为 10 分钟：

```
cd mnn
./schema/generate.sh
mkdir build && cd build
cmake -DMNN_BUILD_DEMO=ON -DMNN_BUILD_CONVERTER=true ..
make -j4
```

编译成功后，mnn/build 目录下会生成多个可执行文件，具体如下所示。

- MNNConvert 为模型转换工具。
- multiPose.out 为姿态检测实例。
- segment.out 为图像分割实例。
- pictureRecognition.out 为图像分类实例。

（4）下载语义分割模型 Deeplabv3 并准备实例图片 input.jpg（放在根目录下）。

（5）模型转换（TensorFlow lite 转换为 MNN），指令格式：

```
    ./MNNConvert -f TFLITE --modelFile XXX.tflite --MNNModel XXX.mnn --
bizCode biz
    ./MNNConvert -f TFLITE --modelFile ~/deeplabv3_257_mv_gpu.tflite --
MNNModel deeplabv3_257_mv_gpu.mnn --bizCode 0000
```

（6）执行图像分割实例：

```
./segment.out deeplabv3_257_mv_gpu.mnn ~/input.jpg result.png
```

图像分割实例执行结果如图 9-3 所示，左边为原图，右边为分割后的图像。

图 9-3　图像分割实例执行结果

MNN 产品手册请扫下面二维码获取，其他参考资料请通过 GitHub 搜索获取。

9.2 OpenCV DNN

9.2.1 OpenCV DNN 介绍

OpenCV 是 Intel 开源计算机视觉和机器学习软件库。该库拥有 2500 多种优化算法，其中包括一套经典的计算机视觉和机器学习算法。这些算法的应用场景为检测和识别人脸、识别物体、对视频中的人类行为进行分类、跟踪摄像机运动、跟踪移动物体、提取物体的 3D 模型、从立体摄像机生成 3D 点云、将图像拼接在一起以产生整个场景的高分辨率图像、从图像数据库中查找相似的图像、从使用闪光灯拍摄的图像中删除红眼、跟随眼球运动、识别风景并建立标记以将其与增强现实等叠加在一起。

OpenCV 具有 C++、Python、Java 和 MATLAB 接口，并支持 Windows、Linux、Android 和 macOS.OpenCV，主要被应用于实时视觉应用程序，在使用时支持 MMX 和 SSE 指令。人们目前正在积极开发功能齐全的 CUDA 和 OpenCL 接口，有超过 500 种算法和大约 10 倍的函数支持这些算法。OpenCV 是用 C++编写的，并且具有与 STL 无缝协作的模板化接口。

OpenCV DNN 是 OpenCV 深度学习模块，是 OpenCV 为支持深度学习应用加入的新特性。OpenCV DNN 从 OpenCV 3.3 开始被正式加入发布版本。OpenCV 模块只支持网络推理，不支持网络训练。

OpenCV DNN 有如下特点。

（1）轻量性：OpenCV DNN 只支持深度学习模型推理功能，因此相关程序非常精简。

（2）方便集成：和开发传统的 OpenCV 视觉算法一样，OpenCV DNN 和头文件能够被方便地调用。

（3）通用性：OpenCV DNN 提供统一的开发接口，支持 TensorFlow、Caffe、ONNX 等主流模型文件格式，支持多种设备和操作系统。

9.2.2 执行 GoogLeNet 分类实例

OpenCV DNN 使用教程请登录 OpenCV 官方网站进行查阅。

OpenCV DNN 官方文档分七部分进行讲解，第一部分就是加载 Caffe 框架的模型，如图 9-4 所示。在本实例中，我们将使用 Caffe Model Zoo 中的用 GoogLeNet 训练的用于图像分类的模型来进行图像分类。

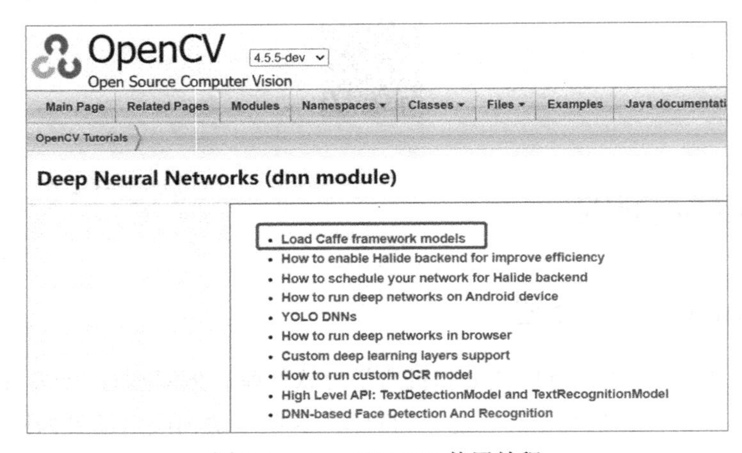

图 9-4 OpenCV DNN 使用教程

1. 创建工程文件

在桌面上创建名为 classification 的文件夹，并将 opencv/samples/dnn 路径下的 common.hpp 文件和 classification.cpp 文件，以及 opencv/samples/cpp/example_cmake 路径下的 CMakeLists.txt 文件放入该文件夹。

2. 下载工程文件

下载 GoogLeNet 模型文件、具有类名称的文件和需要测试的图片，并将这些文件放入 classification 文件夹，如图 9-5 所示。

扫描下方二维码下载模型参数文件 bvlc_googlenet.caffemodel。

扫描下方二维码下载模型框架文件 bvlc_googlenet.prototxt。

扫描下方二维码下载 ImageNet 标签文件 classification_classes_ILSVRC2012.txt。

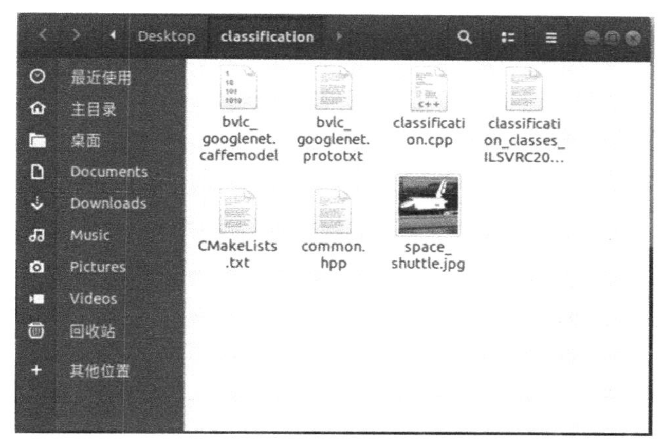

图 9-5　工程文件

3．解读 classification.cpp 文件

使用.prototxt 文件和.caffemodel 文件的路径读取和初始化网络：

```
Net net = readNet(model, config, framework);
net.setPreferableBackend(backendId);
net.setPreferableTarget(targetId);
```

读取输入图像并转换为 GoogleNet 可接受的 blob（cv::dnn::readNet 函数可以自动检测模型的格式）：

```
VideoCapture cap;
if (parser.has("input"))
cap.open(parser.get<String>("input"));
else
cap.open(0);
cv::VideoCapture//加载图像和视频
blobFromImage(frame, blob, scale, Size(inpWidth, inpHeight), mean,
swapRB, crop);
// 检查 std 值
if (std.val[0] != 0.0 && std.val[1] != 0.0 && std.val[2] != 0.0)
{
// 用 std 分割 blob
divide(blob, std, blob);
```

```
}
```

使用 cv::dnn::blobFromImage 函数对 B 通道、G 通道和 R 通道进行必要的预处理（如调整图像大小和进行均值减运算）后，将图像转换为具有形状的四维 blob。

将 blob 传递到网络：

```
net.setInput(blob);
向前传递：
// double t_sum = 0.0;
// double t;
int classId;
double confidence;
cv::TickMeter timeRecorder;
timeRecorder.reset();
Mat prob = net.forward();
double t1;
timeRecorder.start();
prob = net.forward();
timeRecorder.stop();
t1 = timeRecorder.getTimeMilli();
timeRecorder.reset();
for(int i = 0; i < 200; i++) {
```

在计算每个网络层的前向传递输出期间将产生很多输出。对于此示例，我们只需要最后一层输出。

4. 确定最佳的图像的类

确定最佳的图像的类：

```
Point classIdPoint;
minMaxLoc(prob.reshape(1, 1), 0, &confidence, 0, &classIdPoint);
classId = classIdPoint.x;
```

将网络的输出（包含 1000 个 ILSVRC2012 图像类中每个图像类的概率）放到 blob 中，并在此元件中找到具有最大值的元件的索引，此索引对应于图像的类。

5. 编译工程

修改 CMakeLists.txt 文件，如图 9-6 所示，将需要编译的内容改为 classification 的工程和.cpp 文件。

```
# Declare the executable target built from your sources
add_executable(classification classification.cpp)

# Link your application with OpenCV libraries
target_link_libraries(classification ${OpenCV_LIBS})
```

图 9-6　CMakeLists 文件

保存 CMakeLists.txt 文件后关闭，执行如下指令生成 classification 的可执行文件：

```
cmake .
make
```

6. 命令行执行示例

```
./classification --model=bvlc_googlenet.caffemodel
--config=bvlc_googlenet.prototxt
--width=224 --height=224 --classes=classification_classes_ILSVRC2012.txt
--input=space_shuttle.jpg --mean="104 117 123" --rgb=0
```

上述程序运行结果如图 9-7 所示，图像左上角显示推断耗时和结果，表明该图像中的物体是航天飞机的概率为 0.9999。

图 9-7　程序运行结果

9.3 目标识别设计及实现

9.3.1　背景介绍

在日常生活中，人们看一眼图像就可以知道图像中的物体是什么，该物体在图像中的位置。对于计算机而言，目标识别是一个具有挑战性的视觉任务，该任务可以细分为目标的定位和目标的分类。例如，输入一张图像，目标识别系统应该能够确定图像中目标的位置并判断目标的种类。近年来，目标识别技术发展迅速，快速、准确的目标检测算法将允许计算机在没有专用传感器的情况下驾驶汽车，使辅助设备能够将实时场景信息传达给人类用户，并发掘通用、响应性机器人系统的潜力。

近年来，目标检测算法取得了很大突破。比较流行的目标检测算法可以分为两类，一类是基于 Region Proposal（区域建议）的 R-CNN 系列算法（R-CNN、Fast R-CNN、Faster R-CNN），它们是 Two-Stage 算法，需要先使用启发式方法（Selective Search）或 CNN（RPN）

产生 Region Proposal，然后在 Region Proposal 上做分类与回归。另一类是 YOLO、SSD 等 One-Stage 算法，其使用 CNN 直接预测不同目标的类别与位置。相较而言，第一类算法准确度更高，但是速度慢；第二类算法速度更快，但是准确度较低。

本节设计使用的是 YOLO，它的全称为 You Only Look Once: Unified, Real-Time Object Detection。其中，You Only Look Once 指的是只进行一次 CNN 运算；Unified 指的是这是一个统一的框架，提供 end-to-end 的预测；Real-Time 体现的是 YOLO 速度快。2016 年，YOLOv1 发布于 CVPR（IEEE Conference on Computer Vision and Pattern Recognition，IEEE 国际计算机视觉与模式识别会议）。2017 年，YOLOv2 被发布。2018 年，YOLOv3 被发布。它们的作者都是 Joseph Redmon。而 YOLOv4 和 YOLOv5 相继在 2020 年被发布，前者是由 Alexey Bochkovskiy 发布的，后者是由 ultralytics 公司发布的。从 YOLOv1 到 YOLOv5，YOLO 的精度越来越高，也越来越复杂，速度也越来越快，这五个模型都是以 YOLOv1 为基石的。目前，YOLO 所有的训练和测试程序都是开源的，各种预训练模型都可以下载。

R-CNN 使用 Region Proposal 方法，先生成整张图像中可能包含待检测物体的潜在包围框；然后使用分类器逐一筛选每个包围框；再对包围框加工，以消除重复的检测目标，并基于整个场景中的其他物体重新对包围框进行打分。因为每个阶段的目标都是独立的，整个流程执行下来会花费很长时间，检测性能很难进行优化。相比之下用 YOLO 处理图像更简单、直接，先将输入的图像缩放至统一大小，再在图像上运行单个卷积网络，最后对预测结果执行 NMS 算法。

YOLO 图像识别流程如图 9-8 所示。与传统的物体识别方法相比，YOLO 具有许多优点。首先，YOLO 的运行速度非常快。这受益于将检测问题视为回归问题，不需要进行复杂的流程，在一张新图像上简单地运行构建的模型进行预测检测即可。其次，YOLO 在进行预测时会对图像进行全局推理。与基于滑动窗口和 Region Proposal 的技术不同，YOLO 在训练期间和测试时会看到全部图像，它隐式地编码了关于整体物体的类别信息和外观信息。YOLO 能够学到物体更泛化的特征表示。若先在自然场景图像上训练 YOLO，再在 artwork 图像库中去测试，则 YOLO 的表现要优于 DPM、R-CNN。YOLO 更能适应新的领域，因为它是高度可推广的，即使有非法输入，它也不太可能崩溃。不过，YOLO 在精度上仍然落后于最先进的检测系统。

图 9-8　YOLO 图像识别流程

9.3.2　YOLOv1 原理

1．YOLO 检测系统

YOLO 将输入图片划分为 $S \times S$ 个网格，目标物体中心所在的网格负责预测该物体的 bbox（包围框）和 class（类别）。每个网格预测 B 个 bbox 的位置及每个 bbox 的置信度。将 bbox 的置信度定义为 Pr(Object)*IOU_truth_pred，其中 Pr(Object)表示模型对网格中目标的置信度，IOU_truth_pred 表示模型对 bbox 精度的置信度。当目标不存在于该网格时，Pr(Object)=0，此时 Pr(Object) * IOU_truth_pred = 0。当目标存在于该网格时，Pr(Object)=1，此时 Pr(Object) * IOU_truth_pred=IOU_truth_pred。

因此每个 bbox 由 5 个实数组成：x,y,w,h,fi。(x,y)是 bbox 的中心坐标，注意坐标原点是该网格的左上角，坐标值是相对于网格的宽高。例如，预测的像素坐标是(x,y)，网格的宽和高分别是 W、H，那么$(x,y)=(x/W,y/H)$。w、h 分别是 bbox 的宽和高，其数值是相对于整幅图像的宽高的。fi 是该 bbox 的置信度，取值范围是 0～1。

一共有 C 类目标，每个网格要预测该单元格存在的目标属于哪一类，预测的条件概率为 Pr (class_i | Objcet)，只有该网格包含目标时，才有预测目标类别的必要。每个网格预测 B 个 bbox，但每个网格只预测一个分类。在测试时，将类别概率与 bbox 的置信度相乘，所得值就是该 bbox 对某个类别的置信度，即该类目标出现在该 bbox 的置信度及该 bbox 的精度。

图 9-9 所示为 YOLO 检测示例。其中，YOLO 在 Pascal VOC 检测数据集上进行测试，类别数 C=20，图像被划分为 7×7 的网格（S=7），每个网格预测的 bbox 数 B=2，最终输出为 7×7×30（30=5×2+20）的张量。

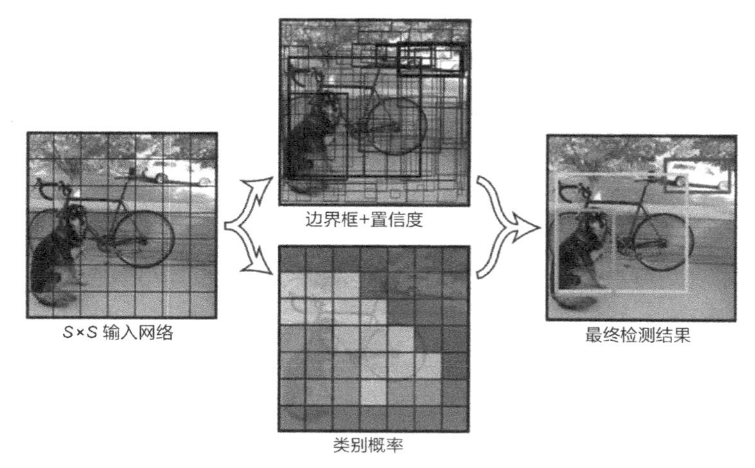

图 9-9　YOLO 检测示例

由于一些大的目标或靠近多个 bbox 边界的目标可以被多个 bbox 包围，因此需要使用 NMS 算法实现最终只预测一个 bbox。

2. YOLO 网络结构

YOLO 的网络结构参照了 GoogLeNet ，包括 24 个卷积层和 2 个全连接层。YOLO 使用"1×1 卷积层+3×3 卷积层"（1×1 卷积层的存在是为了实现跨通道信息整合）来代替 GoogLeNet 中的 inception 模块。卷积层用来提取图像特征，全连接层用来预测图像的位置和类别概率，最终通过回归得到 7×7×30 的张量的预测值。YOLO 网络结构如图 9-10 所示。

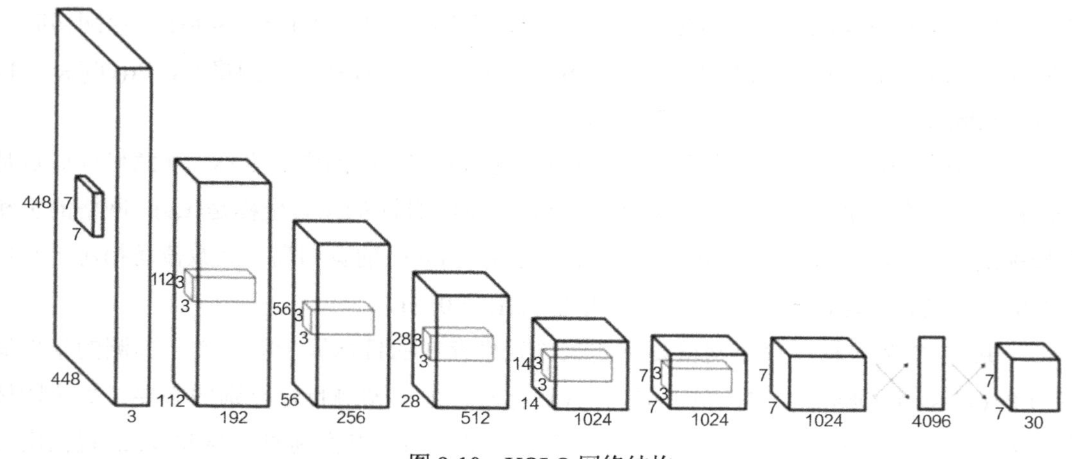

图 9-10 YOLO 网络结构

YOLO 训练是使用 DarkNet 框架实现的。先在 ImageNet 上预训练一个分类模型，该模型是由如图 9-10 所示的网络的前 20 层卷积层后接一层平均池化层和一层全连接层构成的，将训练后得到的分类模型转换为检测模型。"Object Detection Networks on Convolutional Feature Maps"这篇论文表明在预训练模型后面增加卷积层和全连接层可以提高迁移的性能，这里参照的是该论文中的做法。目标检测最好有细粒度（Fine-Grained）的视觉信息，因此把模型的输入分辨率从 224×224 增加到 448×448。最后一层实现预测类概率和 bbox 坐标，通过图像宽度和高度对 bbox 的宽度和高度进行归一化，使它们下降至 0～1。将 bbox 的坐标参数化为特定网格位置的偏移，因此它们也介于 0～1。最后一层使用线性函数激活，而其他所有层使用 Leaky ReLU 函数线性激活，形如：

$$\phi(x)=\begin{cases}x, \ \text{if } x>0 \\ 0.1x, \ \text{otherwise}\end{cases} \tag{9-1}$$

3. 损失函数

由于平方和误差容易优化，因此使用平方和误差作为损失函数。但是平方误差与想要的目标——最大化 mAP（均值平均精度），不能完美对应，这里的损失函数把定位误差和分类误差看得同等重要，这应该不是最理想的方案。

事实上，大部分网格并不包含目标，这使得该网格预测边框的置信度趋于 0，因此包含目标的网格的梯度会被大多数不包含目标的网格的 0 梯度淹没，即梯度会变得很小。这会

使模型变得不稳定，引起过早偏离。为了修正这一点，对于不包含目标的 bbox，通过设置参数 λ_{coord} 和 λ_{noord} 来实现增加其预测的损失，减小置信度损失。这里设置 $\lambda_{\text{coord}}=5$，$\lambda_{\text{noord}}=0.5$。

平方和误差将大 bbox 和小 bbox 的误差看得同等重要，但是同样的误差对小 bbox 比对大 bbox 的影响程度更大。使用 bbox 宽度和高度的平方根，可以部分地解决这个问题。

YOLO 对每个网格预测多个 bbox，但是只有与图像真实的 bbox 的 IOU 最高的 bbox 负责预测该网格中的物体，IOU 可以衡量检测 bbox 和标准真实 bbox 之间的重叠程度。这种做法称作边界框预测器（bounding box predictor）的专职化（specialization）。每个边界框预测器对特定大小、高宽比或分类的对象的人工标记（ground true box）预测得更好，从而提高整体召回率。

网格共有 $S\times S$ 个，1_i^{obj} 表示第 i 个网格是否包含物体，即是否有 bbox 的中心点落在此单元格中，若有则为 1，否则为 0；1_{ij}^{obj} 表示第 i 个网格中的第 j 个 bbox 是否负责检测物体，若负责检测物体则为 1，否则为 0；1_{ij}^{noobj} 表示第 i 个单元网格中的第 j 个 bbox 不负责检测物体，与 1_{ij}^{obj} 的和总为 0。所以，$\sum_{i=0}^{S^2}\sum_{j=0}^{B}1_{ij}^{\text{obj}}$ 表示遍历所有网格中的所有 bbox，从其中挑选负责检测物体的 bbox。

总损失函数包含三部分：坐标回归误差、bbox 的置信度回归误差、类别预测误差，表达式如下：

$$
\begin{aligned}
&\lambda_{\text{coord}}\sum_{i=0}^{S^2}\sum_{j=0}^{B}1_{ij}^{\text{obj}}\left[\left(x_i-\widehat{x_i}\right)^2+\left(y-\widehat{y_i}\right)^2\right]+\lambda_{\text{coord}}\sum_{i=0}^{S^2}\sum_{j=0}^{B}1_{ij}^{\text{obj}}\left[\left(\sqrt{x_i}-\sqrt{\widehat{x_i}}\right)^2+\left(\sqrt{y}-\sqrt{\widehat{y_i}}\right)^2\right]\\
&+\sum_{i=0}^{S^2}\sum_{j=0}^{B}1_{ij}^{\text{obj}}\left(C_i-\widehat{C_i}\right)^2+\lambda_{\text{noord}}\sum_{i=0}^{S^2}\sum_{j=0}^{B}1_{ij}^{\text{noobj}}\left(C_i-\widehat{C_i}\right)^2+\sum_{i=0}^{S^2}1_i^{\text{obj}}\sum_{c\in\text{classes}}\left(\rho_i(c)-\widehat{\rho_i}(c)\right)^2
\end{aligned}
\tag{9-2}
$$

总损失函数表达式第一项表示负责检测物体的 bbox 的中心点定位；第二项表示负责检测物体的 bbox 的宽和高的定位误差，表达式中的 $\left(\sqrt{x_i}-\sqrt{\widehat{x_i}}\right)^2$ 能使小 bbox 对误差更敏感；第一项和第二项的和为坐标回归误差；第三项表示负责检测物体的 bbox 的置信度误差；第四项表示不负责检测物体的 bbox 的置信度误差；第三项和第四项的和为置信度回归误差，其中 C_i 是预测值，$\widehat{C_i}$ 是标签值；最后一项是类别检测误差，挑选出与类别标签值误差最小的物体。

4．YOLO 的局限性

YOLO 的局限性如下。

（1）YOLO 的每个网格只能检测两个 bbox 和一个类，这限制了 YOLO 预测多个相邻目标的能力，如 YOLO 无法对一群鸟（一组小目标）进行一一辨识。

（2）YOLO 直接从数据中回归 bbox，所以很难将其泛化到新的宽高比或配置中，而且

YOLO 使用的特征相对粗糙。

（3）在损失函数中，大 bbox 和小 bbox 的误差的权重相等，事实上对于相同误差而言，小 bbox 更加敏感。

9.3.3 目标识别实例

1. 软件安装

安装 YOLOv5 使用的相关依赖，默认为 Python 3.7、pip3，程序如下：

```
sudo apt install curl
sudo apt install git
sudo python3 -m pip3 install --upgrade pip# 更新 pip
sudo pip3 install opencv-python
sudo pip3 install scikit-build
```

YOLOv5 需要安装在 Python 3.7.0 及以上版本环境中，且包含 PyTorch 1.7 及以上版本。YOLOv5 安装程序如下：

```
git clone https://github.com/ultralytics/yolov5  # 复制储存库
cd yolov5
pip install -r requirements.txt          # 安装软件
# 在各种源上运行推理，从最新的 YOLOv5 版本自动下载模型
# 将结果保存到 yolov5/runs/detect 目录下，默认调用 yolov5s.pt 权重文件
detect.py
python detect.py --source 0              # 摄像头（开发板需要插上 USB 摄像头）
img.jpg                                  # 图像
vid.mp4                                  # 视频
path/                                    # 目录
path/*.jpg                               # glob 模块
'https://youtu.be/Zgi9g1ksQHc'           # YouTube 视频
'rtsp://example.com/media.mp4'           # RTSP、RTMP、HTTP 的视频流
```

图 9-11 展示了摄像头识别的效果。

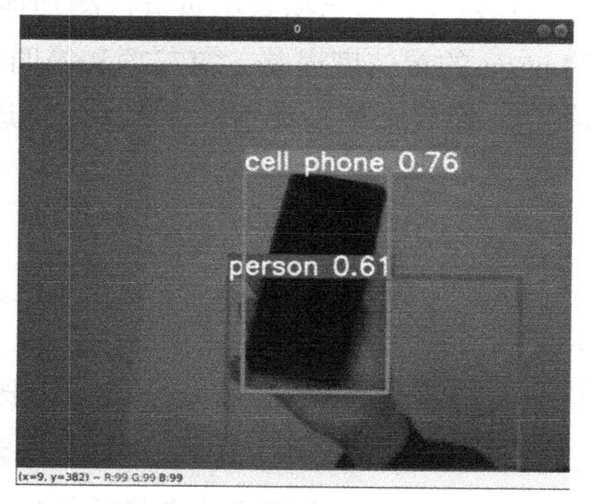

图 9-11　摄像头识别的效果

2. 创建数据集

YOLOv5 必须在标记数据上进行训练，以便学习该数据中对象的类别。COCO128 是一个小型教程数据集，由 COCOtrain2017 中的前 128 张图像组成。数据集使用相同的 128 张图像进行训练，以验证训练管道是否过拟合。data/coco128.yaml 是数据集配置文件，它定义了数据集根目录和图像目录的相对路径（或带有图像路径的*.txt 文件）、类的数量和类的列表，如图 9-12 所示。

```
# Train/val/test sets as 1) dir: path/to/imgs, 2) file: path/to/imgs.txt, or 3) list: [path/to/
imgs1, path/to/imgs2, ..]
path: ../datasets/coco128  # dataset root dir
train: images/train2017  # train images (relative to 'path') 128 images
val: images/train2017  # val images (relative to 'path') 128 images
test:  # test images (optional)

# Classes
nc: 80  # number of classes
names: ['person', 'bicycle', 'car', 'motorcycle', 'airplane', 'bus', 'train', 'truck', 'boat',
'traffic light',
        'fire hydrant', 'stop sign', 'parking meter', 'bench', 'bird', 'cat', 'dog', 'horse',
'sheep', 'cow',
        'elephant', 'bear', 'zebra', 'giraffe', 'backpack', 'umbrella', 'handbag', 'tie',
'suitcase', 'frisbee',
        'skis', 'snowboard', 'sports ball', 'kite', 'baseball bat', 'baseball glove',
'skateboard', 'surfboard',
        'tennis racket', 'bottle', 'wine glass', 'cup', 'fork', 'knife', 'spoon', 'bowl',
'banana', 'apple',
        'sandwich', 'orange', 'broccoli', 'carrot', 'hot dog', 'pizza', 'donut', 'cake', 'chair',
'couch',
        'potted plant', 'bed', 'dining table', 'toilet', 'tv', 'laptop', 'mouse', 'remote',
'keyboard', 'cell phone',
        'microwave', 'oven', 'toaster', 'sink', 'refrigerator', 'book', 'clock', 'vase',
'scissors', 'teddy bear',
        'hair drier', 'toothbrush']  # class names
```

图 9-12 coco128.yaml 文件

3. 创建标签

图 9-13 演示了图像的标签选定，使用 Roboflow Annotate 等工具标记图像后，将标签导出为 YOLO 格式，为每张图像建立一个文件（若图像中没有对象，则不需要建立文件）。文件规范如下。

（1）每个对象占一行。

（2）每一行的信息为 bbox 的中心点横坐标、纵坐标、宽度、高度。

（3）bbox 的中心坐标必须采用规范化(x,y,w,h)格式。如果 bbox 以像素为单位，请按图像宽度和图像高度进行归一化处理。

（4）类号的索引为 0（从 0 开始）。

图 9-13 图像的标签选定

图 9-13 对应的标签文件如图 9-14 所示，包含 2 个人（类）和 1 条领带（类）。

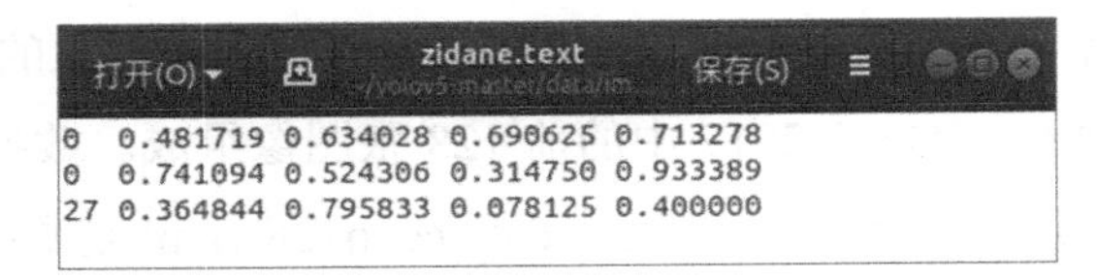


```
0  0.481719 0.634028 0.690625 0.713278
0  0.741094 0.524306 0.314750 0.933389
27 0.364844 0.795833 0.078125 0.400000
```

图 9-14　图 9-13 对应的标签文件

4. 组织目录

根据下面的示例准备训练图像文件夹和标签文件夹。将每张图像的路径中的最后一个实例自动替换为每张图像定位标签。例如：

```
../datasets/coco128/images/000000000009.jpg    # 图像
../datasets/coco128/labels/000000000009.txt    # 标签
```

训练图像文件夹 train2017 如图 9-15 所示。

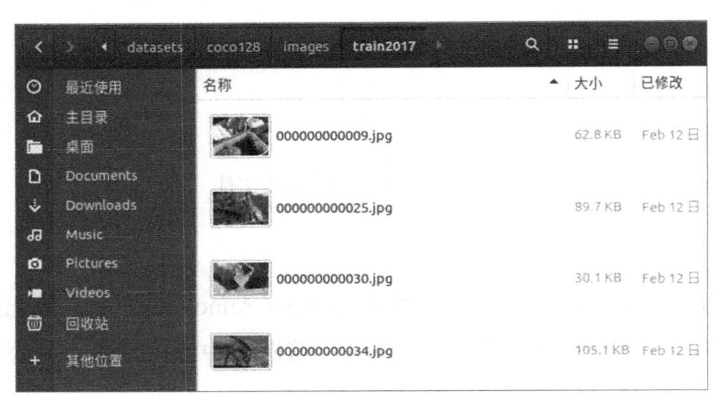

图 9-15　训练图像文件夹 train2017

5. 选择模型

图 9-16 展示了 YOLOv5 系列，选择要从中开始训练的预训练模型，默认选择 YOLOv5s，这是可用的最小、最快的型号。

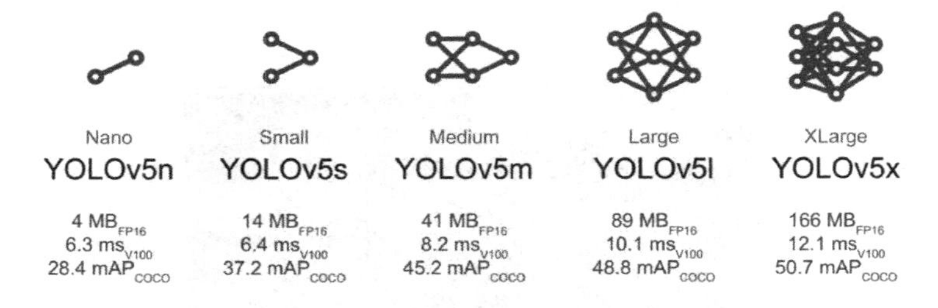

图 9-16　YOLOv5 系列

6. 训练

通过指定数据集、批大小、图像大小及预训练（推荐）或随机初始化（不推荐）在

COCO128 上训练 YOLOv5s。预训练的权重是从最新的 YOLOv5 版本中自动下载的。

--epoch（训练次数）：默认从 300 个 epoch 开始。如果在早期过度拟合，那么可以减少训练次数。如果在 300 个 epoch 之后没有发生过拟合，就训练更长时间，即 600、1200 等 epoch。

--img（图像大小）：COCO 以 640 的原始分辨率进行训练，但由于数据集中有大量小对象，它可以从以更高分辨率（如--img 1280）进行的训练中受益。若有许多小对象，则自定义数据集将受益于本机或更高分辨率的训练。最佳推理结果是在与运行训练时相同的位置获得的，即若选择--img 1280 进行训练，则应选择--img 1280 进行测试和检测。

--batch-size（批大小）：使用硬件允许的最大值。小批量会导致较差的批处理规范统计信息，应避免使用。

```
# 使用 COCO128 训练 YOLO5S
python train.py --img 640 --batch 4 --epoch 5 --data coco128.yaml --
weights yolov5s.pt
```

7. 本地日志记录

在默认情况下，所有训练结果都被保存在递增的运行目录中，如 runs、train、exp 等。查看 train 和 val jpgs，以查看镶嵌、标签、预测和增强效果。

val_batch0_pred.jpg 显示了测试批次为 0 的预测，验证集图像预测结果如图 9-17 所示。

图 9-17　验证集图像预测结果

训练结果将自动记录到 Tensorboard 和 csv 中，训练参数的变化过程如图 9-18 所示。

```
# 将训练完成后的结果绘制出来
from utils.plots import plot_results
plot_results('path/to/results.csv')
```

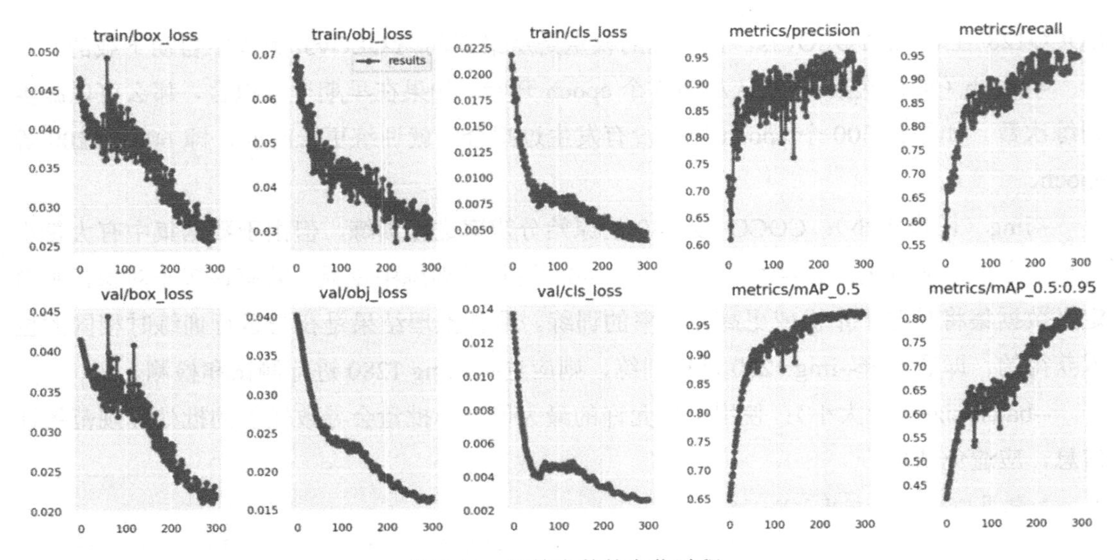

图 9-18　训练参数的变化过程

9.3.4　血细胞分类实例

BCCD 的全称是 Blood Cell Classification Datasets，是医学影像中一个比较古老的数据集，最初由 cosmicad 和 akshaylambda 开源，用于分辨细胞种类，由此可判断各细胞数目是否增多，是否发生病理性改变。其中包含 WBC（White Blood Cell，白细胞）、RBC（Red Blood Cell，红细胞）、Platelets（血小板）三类，共有 364 张照片，是一个小比例的对象检测数据集，通常用于评估模型性能。本节基于 BCCD，重新训练一个 YOLOv5 的目标识别模型。

将数据集文件夹下载至 yolov5-master 文件夹中，如图 9-19 所示。数据集已提前被划分为 train、val、test 三部分，相应照片数量为 255 张、73 张、36 张。

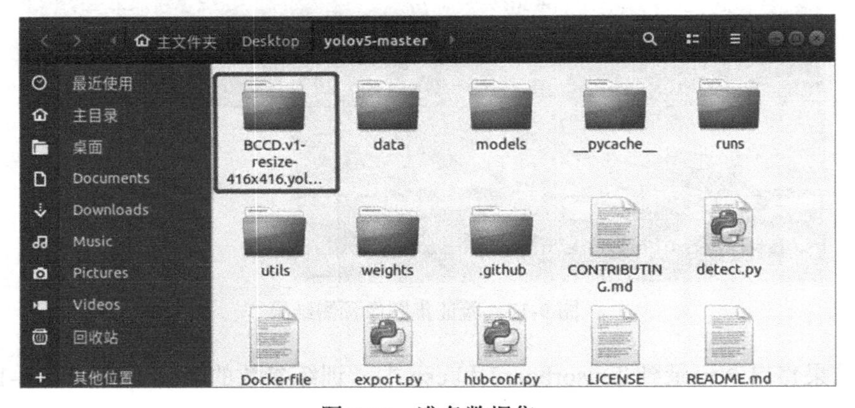

图 9-19　准备数据集

在 data 文件夹中编写数据集的配置文件 blood_cell.yaml（可以自主命名），包含数据引

用路径、种类数量和种类名字，如图 9-20 所示。

```
# train and val datasets (image directory or *.txt file with image paths)
train: ./BCCD.v1-resize-416x416.yolov5pytorch/images/train2017
val: ./BCCD.v1-resize-416x416.yolov5pytorch/images/val2017

# number of classes
nc: 3

# class names
names: ['Platelets','RBC','WBC']
```

图 9-20　blood_cell.yaml 文件

接下来修改 models 文件夹中的模型配置文件 yolov5s.yaml 中的内容，更改种类数量为训练 yolov5s.pt 模型做准备，如图 9-21 所示。若想使用其他预训练模型，则需要修改相应的模型配置文件。

```
# YOLOv5 🚀 by Ultralytics, GPL-3.0 license

# Parameters
nc: 3  # number of classes
depth_multiple: 0.33  # model depth multiple
width_multiple: 0.50  # layer channel multiple
anchors:
  - [10,13, 16,30, 33,23]  # P3/8
  - [30,61, 62,45, 59,119]  # P4/16
  - [116,90, 156,198, 373,326]  # P5/32
```

图 9-21　yolov5s.yaml 文件

执行训练命令：

```
python train.py  --batch 16 --epoch 300 --data data/blood_cell.yaml --cfg models/yolov5s_blood.yaml --weights weights/yolov5s.pt --name yolov5s_results --nosave --cache
```

根据需要自行调节训练参数，也可以在 train.py 文件中对 parse_opt 函数进行设置，如图 9-22 所示。

```
def parse_opt(known=False):
    parser = argparse.ArgumentParser()
    parser.add_argument('--weights', type=str, default=ROOT / 'yolov5s.pt', help='initial weights path')
    parser.add_argument('--cfg', type=str, default='', help='model.yaml path')
    parser.add_argument('--data', type=str, default=ROOT / 'data/coco128.yaml', help='dataset.yaml path')
    parser.add_argument('--hyp', type=str, default=ROOT / 'data/hyps/hyp.scratch.yaml', help='hyperparameters path')
    parser.add_argument('--epochs', type=int, default=300)
    parser.add_argument('--batch-size', type=int, default=16, help='total batch size for all GPUs, -1 for autobatch')
    parser.add_argument('--imgsz', '--img', '--img-size', type=int, default=640, help='train, val image size (pixels)')
    parser.add_argument('--rect', action='store_true', help='rectangular training')
    parser.add_argument('--resume', nargs='?', const=True, default=False, help='resume most recent training')
    parser.add_argument('--nosave', action='store_true', help='only save final checkpoint')
    parser.add_argument('--noval', action='store_true', help='only validate final epoch')
    parser.add_argument('--noautoanchor', action='store_true', help='disable AutoAnchor')
    parser.add_argument('--evolve', type=int, nargs='?', const=300, help='evolve hyperparameters for x generations')
    parser.add_argument('--bucket', type=str, default='', help='gsutil bucket')
    parser.add_argument('--cache', type=str, nargs='?', const='ram', help='--cache images in "ram" (default) or "disk"')
```

图 9-22　parse_opt 函数

因设置训练参数为--name yolov5s_results，故所有训练结果都被保存在../runs/train/路径下的 yolov5s_results 文件夹中。训练 300 epoch 可能会花费较长时间，第 166 epoch 模型结果没有提升，此时模型一般已趋于稳定，再训练 100 epoch 确认模型最优，提前结束训练，如图 9-23 所示。

```
Stopping training early as no improvement observed in last 100 epochs. Best results observed at epoch 166
To update EarlyStopping(patience=100) pass a new patience value, i.e. `python train.py --patience 300` or u

267 epochs completed in 19.434 hours.
Optimizer stripped from runs/train/yolov5s_results8/weights/last.pt, 14.3MB
```

图 9-23　训练完成

训练得到的权重模型可在../yolov5s_results/weights 中获得。训练过程中的各参数变化，如各阶段的损失函数、预测率、召回率等，都可以在 result.png 图像中查看，如图 9-24 所示。

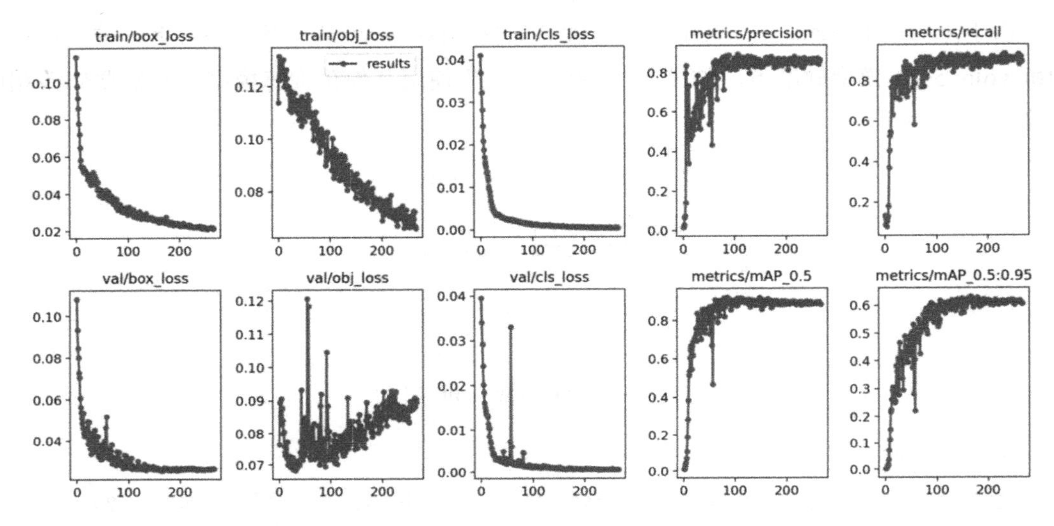

图 9-24　训练参数的变化过程

基于训练模型对测试集样本进行目标检测，相关程序文件为 detect.py，如图 9-25 所示，YOLOv5 目标检测支持调用 OpenCV DNN 对 ONNX 模型文件进行推理。

```
    parser.add_argument('--project', default=ROOT / 'runs/detect', help='save results to project/name')
    parser.add_argument('--name', default='exp', help='save results to project/name')
    parser.add_argument('--exist-ok', action='store_true', help='existing project/name ok, do not increment')
    parser.add_argument('--line-thickness', default=3, type=int, help='bounding box thickness (pixels)')
    parser.add_argument('--hide-labels', default=False, action='store_true', help='hide labels')
    parser.add_argument('--hide-conf', default=False, action='store_true', help='hide confidences')
    parser.add_argument('--half', action='store_true', help='use FP16 half-precision inference')
    parser.add_argument('--dnn', action='store_true', help='use OpenCV DNN for ONNX inference')
    opt = parser.parse_args()
    opt.imgsz *= 2 if len(opt.imgsz) == 1 else 1  # expand
    print_args(FILE.stem, opt)
    return opt
```

图 9-25　detect.py

训练模型从 PyTorch 导出为 ONNX 格式，相关程序文件为 export.py：

```
python export.py --weights yolov5s.pt --include onnx
```

执行目标检测，检测结果默认保存在 runs/detect/路径下：

```
python detect.py --data data/blood_cell.yaml --source data/images/test2017/
--weights last.onnx --dnn
```

由测试结果（见图 9-26）可以看出，大部分目标细胞都被 bbox 围起来，且每个 bbox 上都标有识别种类和其对应种类的概率。但是血小板的预测概率相对较低，这可能与目标个体较小和样本数目较少有关。图 9-26 中有部分细胞未被准确识别，若想达到更高的识别精度，可以考虑更加复杂的预训练模型和更加丰富的样本数据集。

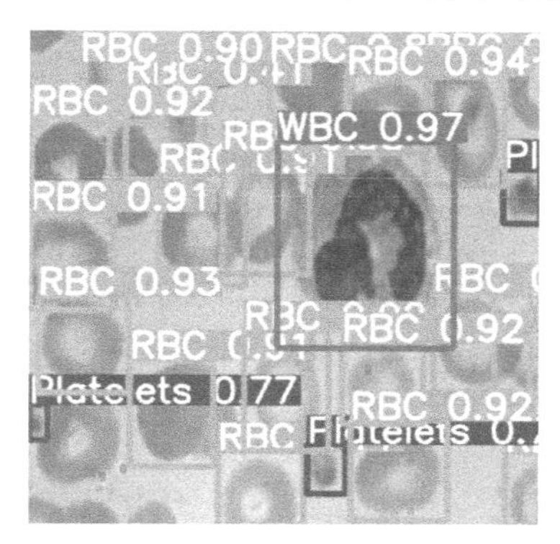

图 9-26　测试集图片预测结果

MNN 有许多模型工具，可以进行模型打印、模型测试、模型量化等，便于开发深度学习模型。但在 MNN 框架下开发的所有模型都需要导出为 MNN 格式才可以使用。以下分别是 ONNX 格式模型文件和 TORCH 格式模型文件的转换程序：

```
./MNNConvert -f ONNX --modelFile last.onnx --MNNModel last.mnn --bizCode
biz
```

```
./MNNConvert -f TORCH --modelFile last.pt --MNNModel last.mnn --bizCode
biz
```

执行 mnn/build 目录中的 timeProfile.cpp 文件，可以对训练模型进行总耗时统计和运算量估计（注意，不要用这个工具检测非 CPU 后端的性能，若需要检测非 CPU 后端的性能，请用 MNNV2Basic 工具）：

```
./timeProfile.out last.mnn 100 0 1x3x640x640 4
```

第一个参数：指定模型文件名。

第二个参数：指定运行次数，默认值为 100。

第三个参数：指定执行推理的计算设备，有效值为 0（浮点 CPU）、1（Metal）、3（浮点 OpenCL）、6（OpenGL），7（Vulkan）。当执行推理的计算设备不为 CPU 时，OP 平均耗时和耗时占比可能不准。

第四个参数：指定输入大小，可不指定。

第五个参数：指定线程数，可不指定，默认值为 4。

图 9-27 所示为模型测试结果，直观展示了每个节点的各项数据，以及整个模型的耗时和运算量。total time 是整个模型单次运行的平均用时，total mflops 是整个模型的浮点运算次数。

```
(yolov5) cwt@ubuntu:~/mnn/build$ ./timeProfile.out last.mnn 100 0 1x3x640x640 4
Use extra forward type: 0
1 3 640 640
Set ThreadNumber = 4
Open Model last.mnn
Sort by node name !
Node Name                Op Type        Avg(ms)        %              Flops Rate
122                      Convolution    8.696199       8.648411       4.451229
123_raster_0             UnaryOp        1.840270       1.830157       0.039306
124                      BinaryOp       1.649280       1.640217       0.039306
125                      Convolution    6.521930       6.486090       5.934972
126_raster_0             UnaryOp        0.903460       0.898495       0.019653
127                      BinaryOp       0.754450       0.750304       0.019653
128                      Convolution    0.798290       0.793903       0.659441
129_raster_0             UnaryOp        0.334390       0.332552       0.009826
130                      BinaryOp       0.281190       0.279645       0.009826
131                      Convolution    0.402620       0.400407       0.329720

output_raster_5          Raster         0.008910       0.008861       0.000115
output_raster_6          Raster         0.053070       0.052778       0.002418
Print <=20 slowest Op for Convolution, larger than 3.00
122 -  40.695305 GFlops, 8.65 rate
125 -  72.349640 GFlops, 6.49 rate
206 -  86.621979 GFlops, 5.42 rate
145 -  87.987488 GFlops, 5.33 rate
172 -  93.761681 GFlops, 5.00 rate

Sort by time cost !
Node Type      Avg(ms)        %              Called times   Flops Rate
Pooling        0.304710       0.303035       3.000000       0.092123
Interp         0.474420       0.471813       2.000000       0.014740
Raster         3.690619       3.670337       29.000000      0.111200
BinaryOp       7.385945       7.345357       82.000000      0.315619
UnaryOp        9.938073       9.883460       63.000000      0.287567
Convolution    78.761543      78.328720      60.000000      99.184921
total time : 100.552582 ms, total mflops : 7950.489258
main, 138, cost time: 10251.719727 ms
```

图 9-27　模型测试结果

第 10 章

火焰及烟雾检测项目

本章将以飞腾教育开发板 JN-D2000EVM 为系统硬件基础，介绍基于 OpenCV 与深度学习模型的火焰及烟雾检测实例实现的全过程，即通过对监测场景中的火焰、烟雾等火灾主要特征进行快速检测和定位，实现对火灾的实时监测和早期预警，旨在结合使用嵌入式开发板与人工智能、物联网及边缘计算等技术。

10.1 项目目标

火焰及烟雾检测项目的项目目标主要有以下五方面。

（1）对 Linux 有基本认知与熟悉 Linux 的操作：进一步对 Linux 的操作指令与基础使用方法进行介绍，帮助读者更加得心应手地使用飞腾科技开发板搭载的 Linux。

（2）对 OpenCV 有初步认知，并对其进行安装使用：引领读者入门机器视觉领域，尝试实现简单的机器视觉实例，增进读者对 OpenCV 的了解与提高读者的程序编写能力。

（3）鉴于 Windows 的使用范围极广，学习如何在 Windows 下使用 Linux、如何实现 Windows 与 Linux 之间的数据传输对学习开发有较大帮助。本章将演示如何实现 PC（Windows）、虚拟机（Linux）、开发板（Linux）三者间的数据传输。

（4）搭建一个深度学习模型，对其进行训练，使其可以识别图像中的烟雾和火焰。将模型移植到 Linux 中，构建好开发板上的使用环境，从而实现将性能优越且便捷的开发板作为处理设备的目的。

（5）在实现了文件互传、OpenCV 视频图像采集、深度学习模型图像识别处理等环节后，将各个环节“连接”在一起，就是基于 OpenCV 与深度学习模型的火焰及烟雾检测实例。此实例可用于现实场景中的火焰及烟雾检测，实现对火灾的实时监测和早期预警。

注意，模型的识别准确度受深度学习模型训练数据集的影响，读者需要自行根据实际欲使用场景来训练模型，以获得具有更高准确度的模型。

实例过程如下。

先将摄像头连接在开发板上，在启动开发板后，运行 OpenCV 视频采集程序，获得帧图像；随后通过 YOLOv3 分析并检测图像，经过相应数据集训练后的深度学习模型可以快速地对图像中的烟雾和火焰进行识别；最后将结果数据返回接收端进行显示。实例总体数据传输处理流程图如图 10-1 所示。

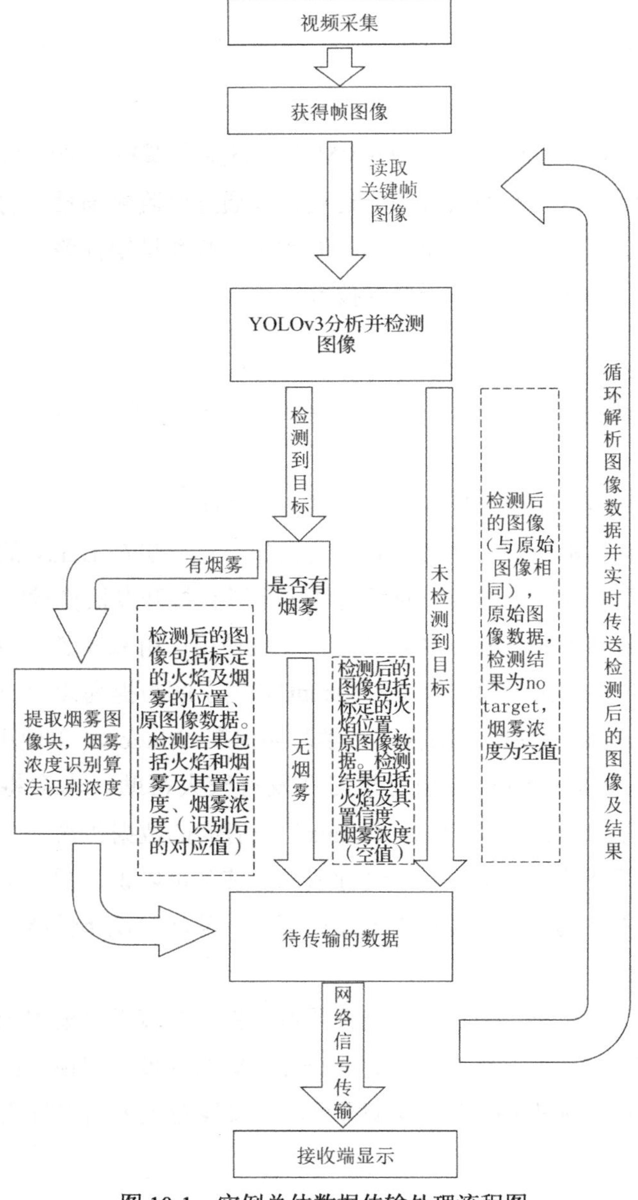

图 10-1　实例总体数据传输处理流程图

10.2 项目方案

10.2.1　项目所需设备

1. 硬件设备

硬件设备如下。

（1）飞腾教育开发板 JN-D2000EVM。

- CPU：飞腾腾锐 D2000，2.3GHz。
- 内存：8GB DDR4。

（2）通用 PC 一台。

- 品牌：联想。
- 型号：LEGION R7000P。
- CPU：AMD Ryzen 7 5800H。
- 系统：Windows 10。
- RAM：16.0 GB。
- 显卡：NVIDIA 3060 Ti。

（3）GESOBYTE C120 USB 接口摄像头一部。

- 传感器：CMOS。
- 分辨率：640dpi×480dpi。
- 驱动：免驱。

2. 软件设备

软件设备如下。

- 操作系统：Ubuntu 18.04。
- Linux 内核：4.19.115。
- 视觉运算：OpenCV 3.4.13。
- 人工智能推理引擎：OpenCV DNN。
- 编译工具链：gcc/g++ 8.3。
- Python：2.7/3.5/3.7/3.8。
- 传输工具软件：Xftp 7。

10.2.2 OpenCV 与机器视觉

OpenCV 是一个开源且免费的函数库，被用于图像处理、分析、机器视觉等方面，该函数库由 C 与 C++编写，可以在 Windows、Linux、macOS 上运行。OpenCV 的目标之一是提供一个简单易用的计算机视觉基础库，帮助人们快速构建复杂的视觉应用程序。OpenCV 包含超过 500 个涵盖视觉领域的功能，包括但不限于产品检测、医学影像、安全性、用户界面、摄像机校准、立体视觉和机器人等。

计算机视觉和机器学习是分不开的，OpenCV 包含一个完整的通用机器学习库（ML 模块），这个库主要用于统计模式识别和聚类。对于 OpenCV 的核心任务——机器视觉任务，ML 模块是非常有用的，该模块还适用于任何机器学习问题。

机器视觉任务的主要目的是通过分析图像，对图像中涉及的场景或物体生成一组描述信息。机器视觉系统的输入是图像或图像序列，输出是对这些图像的感知描述。这组描述与这些图像中的物体或场景息息相关，可以帮助机器完成特定的后续任务，指导机器与周围的环境进行交互。机器视觉与图像处理、模式分类和场景分析三个领域密切相关。

（1）图像处理的主要特征是根据现有的图像得到一张新图像。由于得到的是一张图像，因此输出结果仍然需要人对其进行分析解释。

（2）模式分类的主要任务是对模式进行分类。模式是指事物的一组属性或特征。通过这些属性，将事物划归为已知类中的某一类，也就是识别了这个事物。

（3）场景分析的关注点是将一个简单的描述转化为一个更复杂、更详细、更利于我们做出判断或得出结论的描述。输出描述是对输入描述的一种深化，进一步解释了事物的深层联系。

10.2.3 深度学习模型 YOLOv3

本实例使用的 CNN 模型是基于目标检测的入门网络框架 YOLOv3。因为 YOLOv3 的源代码是使用 C 语言与 CUDA 进行底层编写的，所以拥有较快的运算速度，并且可以充分发挥多核 CPU 和 GPU 并行运算的功能。考虑到火焰及烟雾检测在实际使用时的实时性要求，YOLOv3 因其检测速度的优异性而被纳入选择。YOLOv3 的网络结构如图 10-2 所示。

图 10-2 中 DBL 是 YOLOv3 的基本组成部分，Darknetconv2D_BN_Leaky 即卷积+BN+Leaky ReLU；Res*n* 表示 res_block 中包含的 res_unit 的数量，*n* 是数字，有 res1、res2 等；concat 表示张量拼接，将 DarkNet 中间层和后部某层上采样进行拼接，拼接会扩充张量的维度。

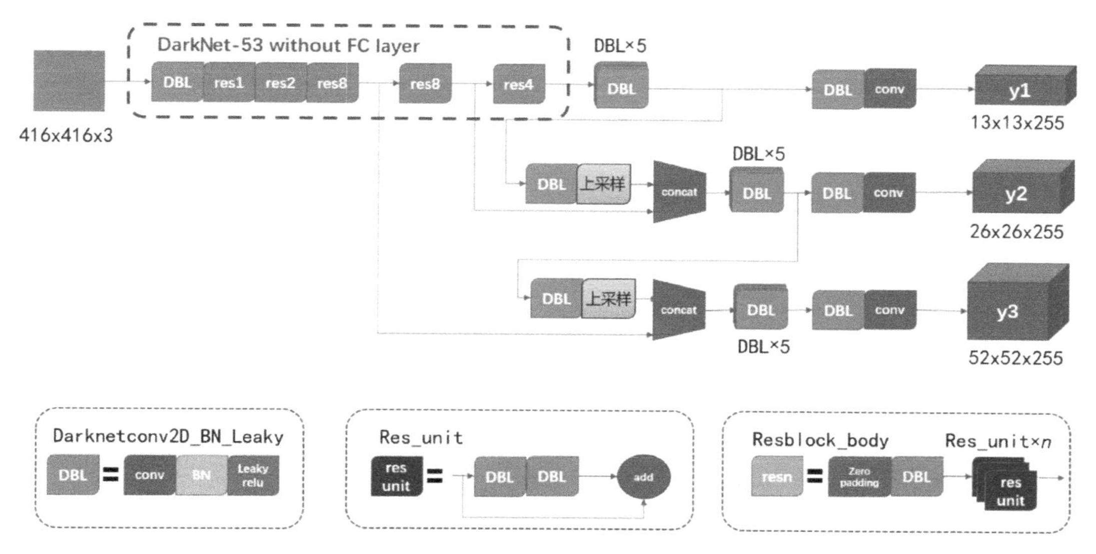

图 10-2　YOLOv3 的网络结构

YOLOv3 主干网络采用的是 DarkNet 53。在 DarkNet 53 无池化层、全连接层，特征图的缩小是通过增加卷积核的步长实现的，每一个卷积部分使用了特有的 Conv2dBlock 结构，在每一次卷积时进行 L2 正则化，完成卷积后进行 BatchNormalization 标准化与 Leaky ReLU。

YOLOv3 采用的是 FPN 思想，输出三个尺度不同的特征层，即 13×13、26×26、52×52。其中 13×13 的特征层适用于检测大目标，52×52 的特征层适用于检测小目标，三个特征层都会输出相应结果。13×13 的特征层先经过 1×1 的卷积核修正通道数，然后通过上采样修正空间维度的尺寸，使得输出的结果能够与 26×26 的特征层叠加。叠加之后还会再采用 3×3 的卷积核对每个叠加结果进行 5 次卷积，目的是消除上采样的混叠效应。最后经过一个 3×3 和 1×1 的卷积核构建三种尺度的预测特征图。

上采样：放大图像（或称图像插值）的主要目的是放大原始图像，以在更高分辨率的显示设备上显示。

YOLOv3 的先验框策略是通过在所有训练图像的所有边框上进行 K-Means 聚类来选择先验框的，YOLOv3 原文建议一个格点上的先验框数量为 5，这是速度和精度折中的结果。

YOLOv3 对采集到的图像帧进行检测的原理图如图 10-3 所示。

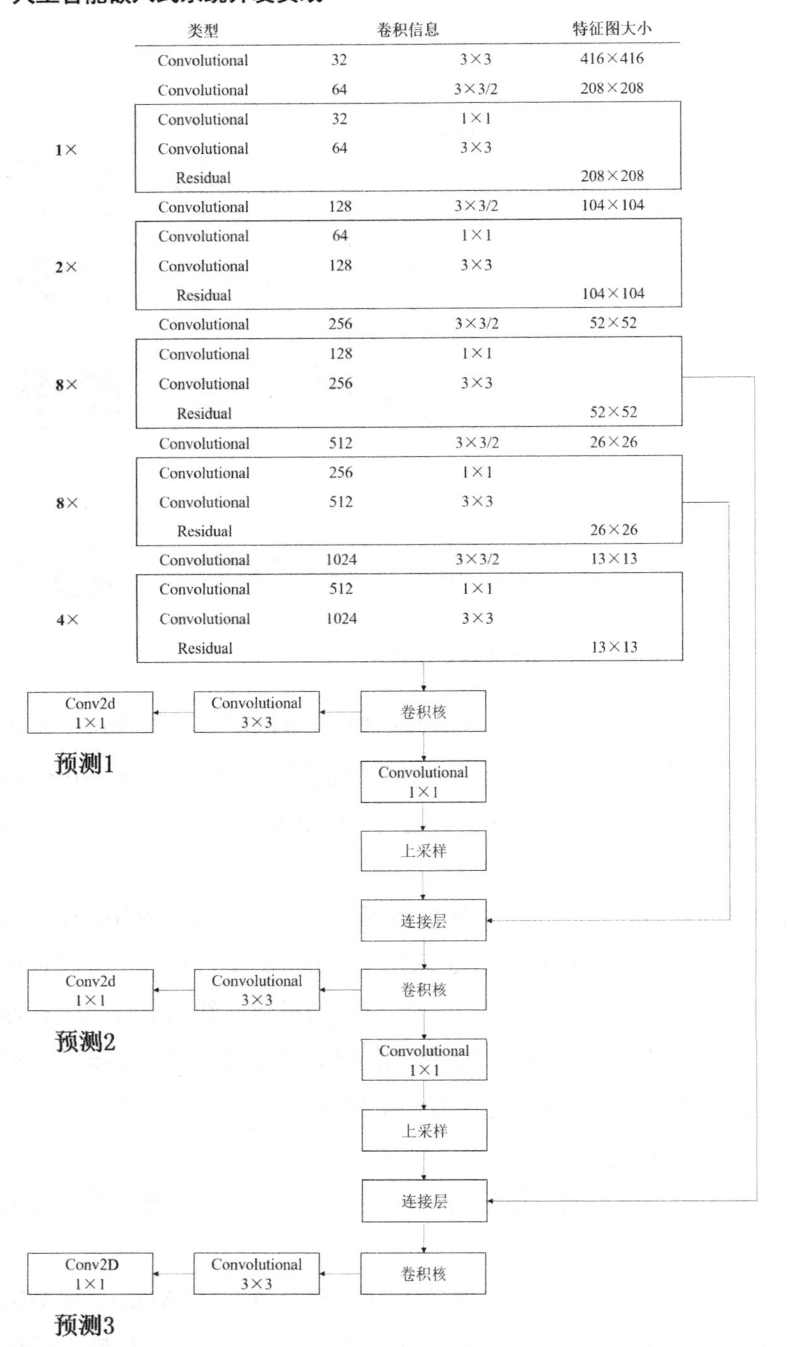

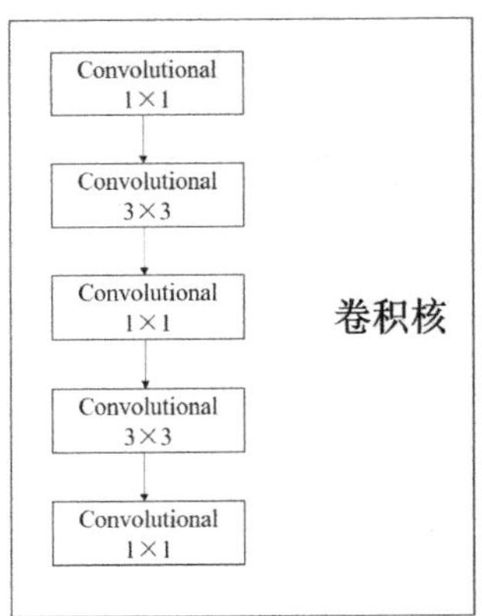

图 10-3　YOLOv3 对采集到的图像帧进行检测的原理图

10.2.4　模型训练

因为 PyTorch 定义的网络结构简单，且对于静态图的网络定义都是声明式的，动态图可以随意调用函数，所以本实例设计采用 PyTorch 作为后端，Python 3.8.1 作为开发环境训练火焰及烟雾检测模型，同时使用 NVIDIA GeForce RTX 3090 GPU 加速运算。

深度学习是否能成功应用取决于训练中使用的数据集的深度和广度。如果训练集太小、太狭窄或太“正常”，那么深度学习方法将难以达到应有的效果。因此用足够多的能表示所有重要状态或特征的数据训练模型，使模型学会掌握当前问题的正确本质是非常重要的。由于现实中火焰和烟雾的真实数据图像较少，尤其是有色烟雾的图像，因此为增加数据量、增强模型的健壮性，本实例模型的训练集设计并使用了一部分合成烟雾图像。

本实例模型的训练集共包含 20000 张图像，图像大小为 416×416，在 13000 张真实场景的火焰及烟雾图像（见图 10-4）中，有 600 张仅有烟雾的图像，300 张仅有火焰的图像，2100 张既有烟雾也有火焰的图像，10000 张既无烟雾也无火焰的图像。余下 7000 张图像为合成烟雾图像，如图 10-5 所示。13000 张真实的火灾场景图像都是从网上收集的，力求每张图像的场景不相同，包括常见的室内火灾场景及室外火灾场景，每张图像中至少包含一种检测目标（火焰、黑烟、白烟、黄烟中至少存在一种），绝大部分图像中包含火焰与烟雾。

图 10-4　部分真实场景的火焰烟雾图像

图 10-5　部分合成烟雾图像

在训练模型时先从数据集中按类别随机选取 90%的图像用于训练和验证（在拟合模型的过程中 90%的图像用于训练，10%的图像用于验证），剩下的 10%的图像用于测试。采用 glorot-uniform 分配初始化模型的权重参数，采用 SGD 算法更新可学习的权重参数，初始学习率为 1×10^{-4}，批次大小为 10，学习率衰减系数为 0.1，动量系数为 0.92，共训练 100 epoch。当已有部分训练权重时，应用这部分训练权重的网络是通用的，如骨干网络，那么可以先冻结这部分权重的训练，将更多的资源用于训练其余的网络参数，以缩短训练，提高时间资源利用率。因此在模型训练过程中，前 50 epoch 训练所有参数，后 50 epoch 将冻结除主干特征提取网络外的所有参数进行训练，以加快模型的收敛速度。训练过程中保留每 epoch 的权重参数，最终将验证集精度最高的权重参数用于模型的测试。模型训练过程如图 10-6 所示。

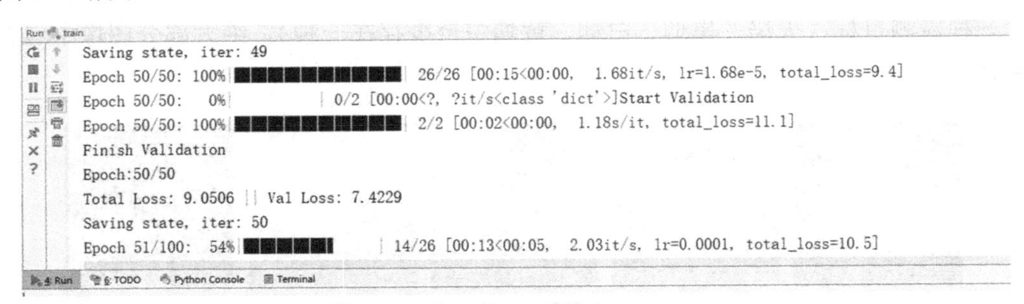

图 10-6　模型训练过程

10.2.5　远程监控实现

本实例通过在网络中创建 Socket 关键字来实现网络间的通信。通过 Socket 约定，一台计算机可以接收其他计算机的数据，也可以向其他计算机发送数据。Socket 约定的优点主要有：①传输数据为字节级，传输数据可自定义，数据量小（适用于手机）；②传输数据时间短，性能高；③适用于客户端和服务器端之间的信息实时交互；④可以加密，数据安全性强。

建立连接至少需要一对 Socket，其中一个运行于客户端，称为 ClientSocket，另一个运行于服务器端，称为 ServerSocket。Socket 之间的连接过程分为三步：服务器监听、客户端请求、连接确认。

服务器监听：ServerSocket 并不定位具体的 ClientSocket，而是处于等待连接状态，实时监控网络状态，等待客户端发出的连接请求。

客户端请求：指 ClientSocket 提出连接请求，要连接的目标是 ServerSocket。ClientSocket 必须先描述它要连接的 ServerSocket，指出 ServerSocket 的地址和端口号，然后向 ServerSocket 提出连接请求。

连接确认：当 ServerSocket 监听到或接收到 ClientSocket 提出的连接请求时，响应请求，建立一个新的线程，把 ServerSocket 的描述发给客户端，一旦客户端确认了此描述，双方即正式建立连接。

本实例的图像处理及模型计算都是在开发板硬件系统上完成的，远程监控将硬件系统处理的结果通过网络传输到远程接收端进行显示，为了保证各项数据传输的正确性，本实例使用 socket 函数中的 SOCK_STREAM 方式传输数据。该方式每次传输都会严格地校验数据，以确保在远程监控时准确地传输火焰及烟雾的检测结果。传输层协议使用 TCP 建立连接。TCP 是一种面向连接的、可靠的、基于字节流的通信协议，数据在传输前要建立连接，传输完毕后要断开连接。客户端在收发数据前要使用 connect 函数和服务器建立连接。建立连接的目的是保证 IP 地址、端口、物理链路等正确无误，为数据的传输开辟通道。TCP 连接的流程如图 10-7 所示，TCP 使用 connect 函数建立连接时，客户端和服务器端会相互发送三个数据包，俗称三次握手。第一次握手：客户端尝试连接服务器端，向服务器端发送 SYN 包，syn=j，客户端进入 SYN_SEND 状态等待服务器端确认。第二次握手：服务器端接收客户端发送的 SYN 包并确认（ack=j+1），同时向客户端发送一个 SYN 包（syn=k），即 SYN+ACK 包，此时服务器端进入 SYN_RECV 状态。第三次握手：客户端接收服务器端发送的 SYN+ACK 包，向服务器端发送确认包 ACK（ack=k+1），此包发送完毕，客户端和服务器端进入 ESTABLISHED 状态，完成三次握手。当客户端调用 socket 函数创建 Socket 后，因为没有建立连接，所以 Socket 处于 CLOSED 状态；服务器端调用 listen 函数后，Socket 进入 LISTEN 状态，开始监听客户端发送的请求。远程监控通信过程示意图如图 10-8 所示。

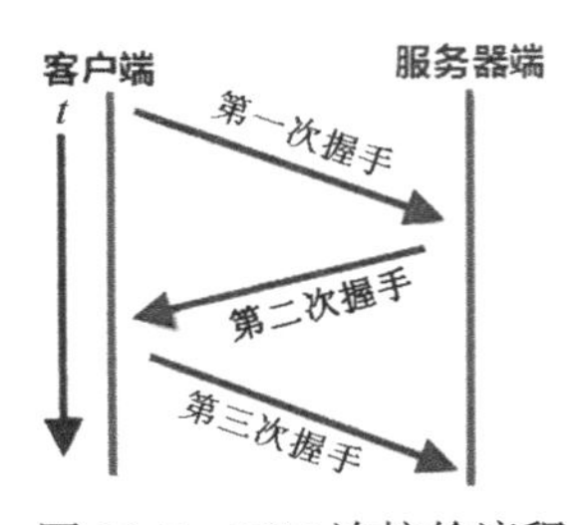

图 10-7　TCP 连接的流程

本实例将边缘处理系统设置为客户端，其工作流程是先创建 Socket，连接服务器端，将 Socket 与远程服务器端连接发送数据，读取响应数据，直到数据交换完毕，关闭连接，结束 TCP 对话。远程接收的服务器端的工作过程为先初始化 Socket，建立流式 Socket，与本机地址及端口进行绑定。然后通知 TCP 准备接收连接，调用 accept 函数阻塞，等待来自客户端的连接请求。如果这时客户端与服务器端建立了连接，那么客户端就发送数据请求，服务器端接收请求并处理请求，并把响应数据发送给客户端，客户端读取数据，直到数据交换完毕，关闭连接，交互结束。

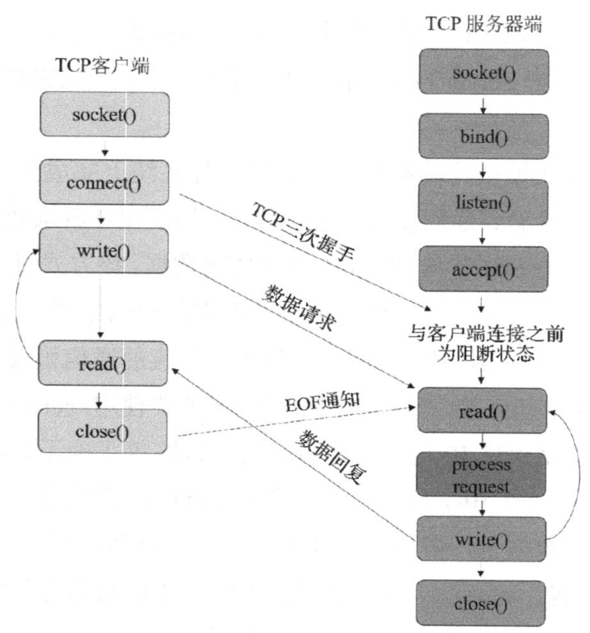

图 10-8　远程监控通信过程示意图

10.3 实验内容与具体步骤

10.3.1 Ubuntu 系统下的 OpenCV 安装

参考本书 4.8.2 节，在 Ubuntu 系统下安装 OpenCV。

10.3.2 基于 Xftp 实现 PC、虚拟机、开发板间的文件传输

Xftp 是一个功能强大的 SFTP、FTP 文件传输软件。利用 Xftp，MS Windows 用户能安全地在 UNIX、Linux 和 Windows PC 之间传输文件。

在 PC 端 Windows 下，于 Xftp 官方网站安装免费 Xftp 。根据安装步骤逐步安装即可。

注意：在 PC、虚拟机、开发板间利用 Xftp 传输文件的前提是 PC、虚拟机、开发板三者必须互相可以连通。对于本实例，开发板通过网线接口与开发板直连；PC 使用 Wi-Fi 连接外部网络。

三者互连的基本要求是三者的 IP 地址在同一网段内；否则，在使用 Xftp 时会出现无法连接的情况。

1. 设置虚拟机的 IP 地址

在启动虚拟机前修改其虚拟网络编辑器。依次单击“编辑”→“虚拟网络编辑器”选项，如图 10-9 所示，打开“虚拟网络编辑器”窗口。

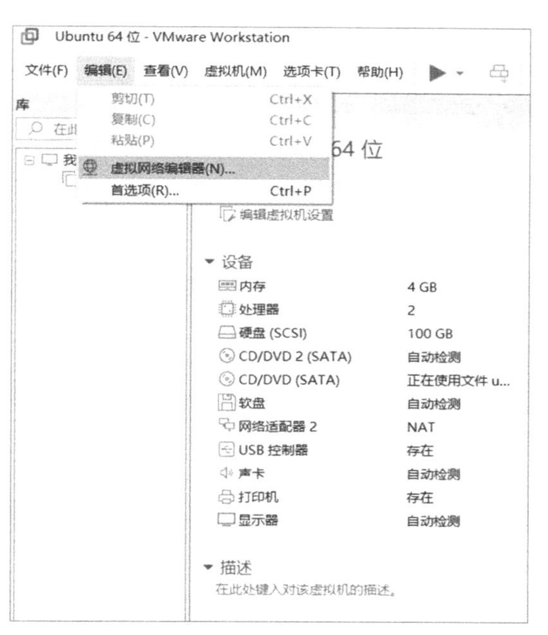

图 10-9　依次单击“编辑”→“虚拟网络编辑器”选项

单击“更改设置”按钮，如图 10-10 所示。

图 10-10　单击“更改设置”按钮

根据图 10-11 修改桥接模式的设置。

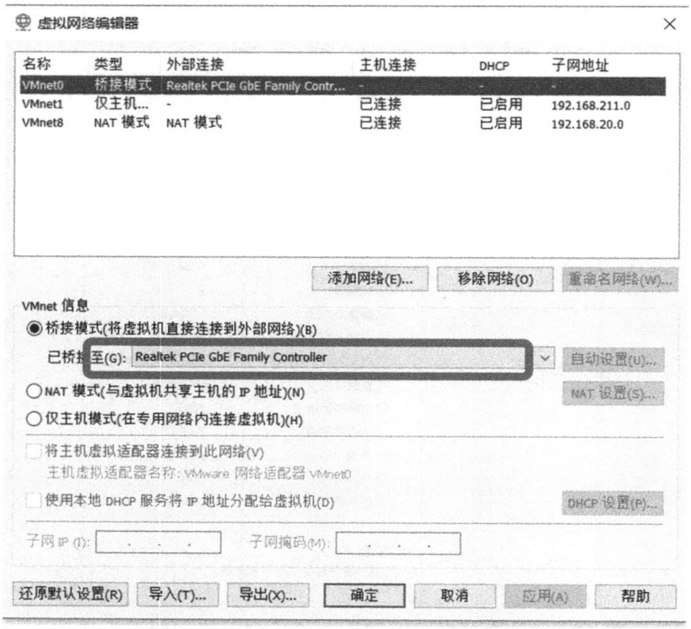

图 10-11　修改桥接模式

进入虚拟机，使用 ifconfig 指令查询虚拟机的 IP 地址。本实例虚拟机网络接口信息如图 10-12 所示，虚拟机 IP 地址为 192.168.20.128。

```
linux@ubuntu:~$ ifconfig
ens37: flags=4163<UP,BROADCAST,RUNNING,MULTICAST>  mtu 1500
        inet 192.168.20.128  netmask 255.255.255.0  broadcast 192.168.20.255
        inet6 fe80::20c:29ff:fe1e:3df4  prefixlen 64  scopeid 0x20<link>
        ether 00:0c:29:1e:3d:f4  txqueuelen 1000  (Ethernet)
        RX packets 33  bytes 20757 (20.7 KB)
        RX errors 0  dropped 0  overruns 0  frame 0
        TX packets 52  bytes 6928 (6.9 KB)
        TX errors 0  dropped 0 overruns 0  carrier 0  collisions 0

lo: flags=73<UP,LOOPBACK,RUNNING>  mtu 65536
        inet 127.0.0.1  netmask 255.0.0.0
        inet6 ::1  prefixlen 128  scopeid 0x10<host>
        loop  txqueuelen 1000  (Local Loopback)
        RX packets 365  bytes 27749 (27.7 KB)
        RX errors 0  dropped 0  overruns 0  frame 0
        TX packets 365  bytes 27749 (27.7 KB)
        TX errors 0  dropped 0 overruns 0  carrier 0  collisions 0
```

图 10-12　使用 ifconfig 查询 IP 地址

本实例在进行时若出现虚拟机仅有 lo 接口的情况，未显示其他网络接口任何信息，则可通过 ifconfig　-a（中间的空格不可忽略）指令查看可用接口信息。

若出现仅有 ens37 接口可用的情况，则使用指令 sudo ifconfig ens37 up 激活此接口，使用指令 sudo dhclient ens37 授予其许可即可成功使用此接口。若虚拟机仍无法连接网络，则可以使用 sudo/etc/init.d/ssh restart 指令重新激活 SSH 远程传输服务进一步尝试。

2. 设置 PC 与开发板的 IP 地址

打开网络和 Internet 设置，单击图 10-13 中的“更改适配器选项”选项。

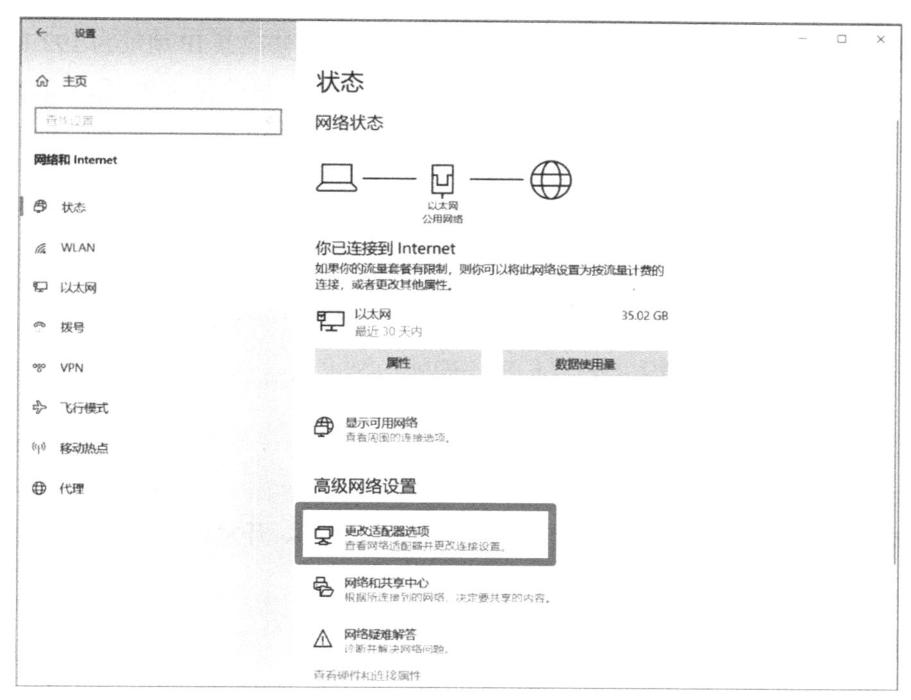

图 10-13　单击“更改适配器选项”选项

本实例使用 Wi-Fi 连接外部网络，将以太网口与开发板的 eth0 接口直接连接，所以对以太网的 IP 地址进行设置，使其与虚拟机的 IP 地址处于同一网段（IP 地址前三位相同，但最后一位最好设为不同的数）。如图 10-14 所示，设置“IP 地址”为“192.168.20.110”。

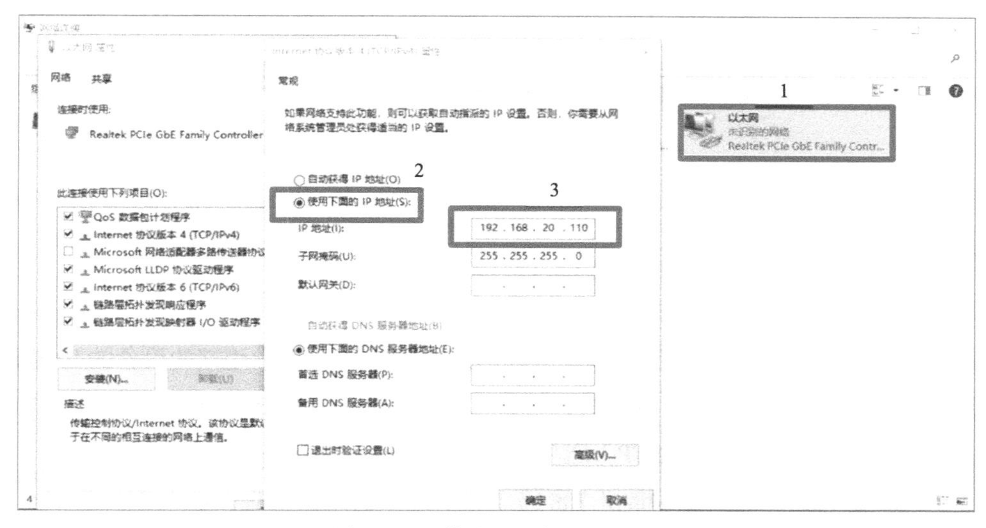

图 10-14　修改 PC 端的 IP 地址

登录开发板系统，使用指令 ifconfig eth0 192.168.28.111 修改其 IP 地址为 192.168.28.111（同一网段，最后的 111 可酌情修改为易记的数字，尽量避免与前文的 PC 和虚拟机的 IP 地址重复），如图 10-15 所示。修改后可使用 ifconfig 指令查询 IP 地址是否修改成功。

```
rootdebian:-# ifconfig eth0 192.168.28.111
rootdebian:-#ifconfig
eth0: flags=4163<UP, BROADCAST, RUNNING, NULTICAST>ntu 1500
        inet 192.168.28.111 netnask 255.255.255.0 broadcast 192.168.20.255
        ether 3c:6a:2c:3c:6a:2c txqueuelen 1800 (Ethernet)
        RX packets 128 bytes 17887(17.4 KiB)
        RX errors 0 dropped 0 overruns 0 frane 0
        TX packets 75 bytes 12543(12.2 KiB)
        TX errors 0 dropped 0 overruns 0 carrter 0 colllstons 0
        device interrupt 23 base 0x4880

eth1: flags=4099UP, BROADCAST, NULTICAST>ntu 1500
        ether 3c:6a:2c:3c:6a:2d txqueuelen 1000 (Ethernet)
        RX packets 0 bytes 0(0.6 B)
        RX errors 0 dropped 0 overruns 0 frane 0
        TX packets 0 bytes 0 (0.0 B)
```

图 10-15　修改开发板 IP 地址

至此，PC（192.168.20.110）、虚拟机（192.168.20.128）、开发板（192.168.28.111）三者已处于同一网段之内，可互相连通。

3．使用 Xftp 连接

在 Windows 系统中启动 Xftp，如图 10-16 所示，依次选择“文件”→“新建”选项，建立新连接。

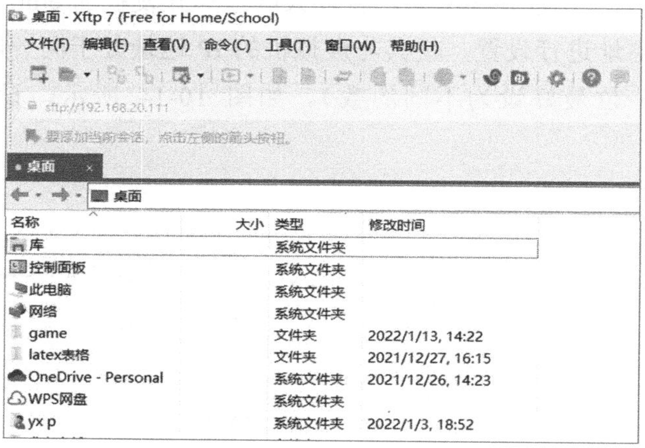

图 10-16　启动 Xftp

建议“名称”与“主机”一致，以便进行辨别。“主机”应为欲连接的设备的 IP 地址，此步骤欲与虚拟机进行连接，故“主机”中应填入上文中虚拟机的 IP 地址，即 192.168.20.128。在“协议”下拉列表中选择“SFTP”选项；将“端口号”设置为“22”；将“方法”设置为“Password”；在“用户名”文本框和“密码”文本框中输入登录虚拟机时的用户名与密码，如图 10-17 所示。

图 10-17　对新连接进行设置

单击“确定”按钮，弹出“SSH 安全警告”提示框，单击“一次性接受”按钮，如图 10-18 所示。

图 10-18　接受主机密钥

此时便可成功建立 PC 与虚拟机之间的连接，达到文件传输的目的。若出现如图 10-19 所示情况，则表示虚拟机与 PC 成功搭建连接。

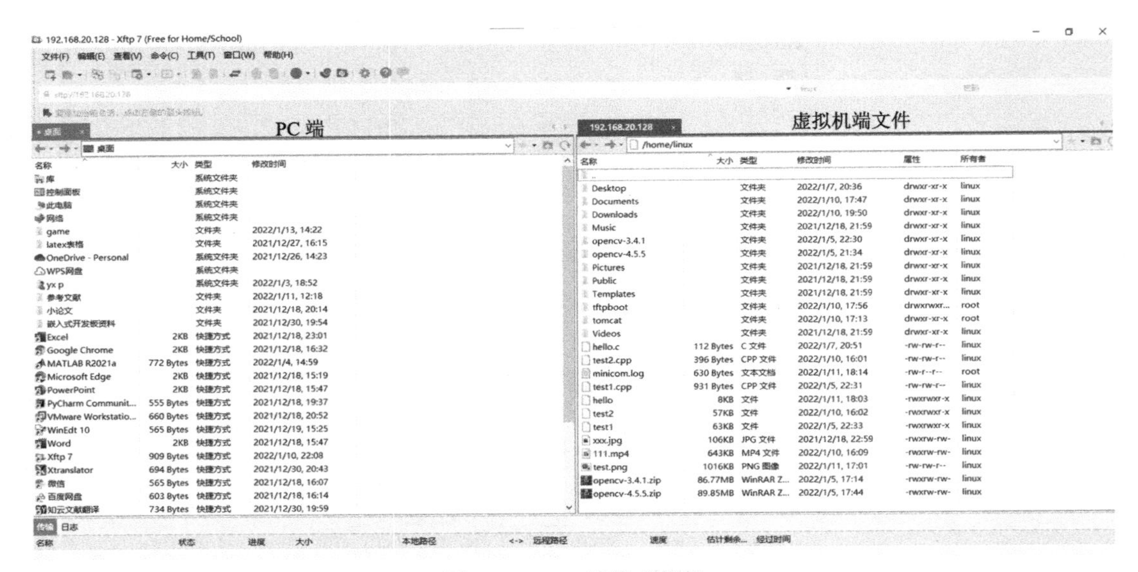

图 10-19　PC 连接虚拟机

与开发板的连接同理，但要注意“主机”文本框中的 IP 地址应为开发板的 IP 地址，其余选项相同（名称不影响连接，仅做辨识用）。PC 与开发板连接情况如图 10-20 所示。

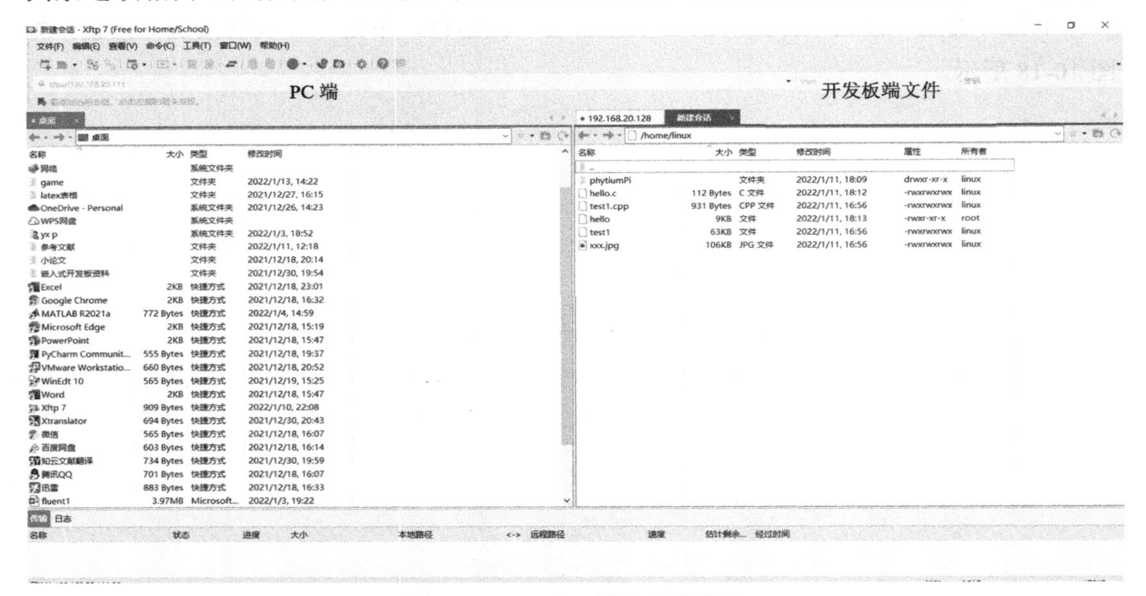

图 10-20　PC 与开发板连接情况

至此，便可成功实现 PC、虚拟机、开发板三者间的文件互相传输。

10.3.3　深度学习模型程序与程序简析

火焰及烟雾检测算法模型的输入图像大小为 416×416，因此先给采集到的图像增加灰度条，然后将图像的大小改为 416×416（resize 操作），确保更改大小后的图像不失真。算

法加载训练好的模型参数后，将更改大小后的图像送入模型，并获得检测结果，主要通过以下几个步骤实现。

1. 从特征获取预测结果

（1）YOLOv3 一共提取三个特征层进行目标检测，三个特征层分别位于主干特征提取网络 DarkNet53 的中间层、中下层、底层，三个特征层的形状分别为(52,52,256)、(26,26,512)、(13,13,1024)。这三个特征层在后续步骤中用于与上采样后的其他特征层进行拼接。

（2）第三个形状为(13,13,1024)的特征层进行 5 次卷积处理后的一部分用于卷积和上采样，另一部分用于输出对应的预测结果，形状为(13,13,75)，Conv2d 3×3 和 Conv2d 1×1 两个卷积层起到了通道调整作用，用来调整所需输出的大小。

（3）卷积和采样得到的形状为(25,25,256)的特征层与 DarkNet53 网络中的形状为(26,26,512)的特征层进行拼接，得到形状为(26,26,768)的特征层，进行 5 次卷积后一部分用于卷积上采样，另一部分用于输出对应预测结果，形状为(26,26,75)，Conv2d 3×3 和 Conv2d 1×1 两个卷积层仍起通道调整作用。

（4）最后将（3）中的卷积层和上采样的特征层与形状为(52,52,256)的特征层进行拼接，得到形状为(26,26,128)的特征层，经过 Conv2d 3×3 和 Conv2d 1×1 两个卷积层，得到形状为(52,52,75)的特征层。

2. 预测结果的解码

YOLOv3 的预测原理是将整张图像分别分为 13×13、26×26、52×52 的网络，每个网络负责一个区域的检测。解码过程就是算得最后显示的边界框坐标(b_x,b_y)，宽为 b_w、高为 b_h，计算过程如下。

$$b_x = \sigma(t_x) + c_x \tag{10-1}$$

$$b_y = \sigma(t_y) + c_y \tag{10-2}$$

$$b_w = p_w e^{t_w} \tag{10-3}$$

$$b_h = p_h e^{t_h} \tag{10-4}$$

$$p_r(\text{object}) * \text{IOU}(b,\text{object}) = \sigma(t_0) \tag{10-5}$$

在上述公式中，c_x、c_y 为该点所在网格的左上角距离边界框左上方的格数；p_w、p_h 分别为先验框的宽和高；t_x、t_y 为目标中心点相对于该点所在网格左上角的偏移量；t_w、t_h 分别为预测边框的宽和高；σ 为激活函数，即 sigmoid 函数。

3. 对预测所得边界框进行得分排序并执行 NMS 算法

此步会将概率值最大的边界框筛选出来。先将每一类得分大于一定阈值的边界框按得分进行排序；随后对边界框的位置和得分执行 NMS 算法，得出概率值最大的边界框，也就是最后显示的边界框。

NMS 算法就是寻找局部最大值。在进行目标检测时会采取窗口滑动的方式，将图像上生成的诸多候选边界框进行特征提取后送入分类器并获得得分，按得分对边界框排序，选取得分最高的候选边界框，计算其他候选边界框与该候选边界框的重合度。若重合程度大于阈值，则将对应候选边界框删除。

主程序如下所示。

```
import time
import cv2
import numpy as np
from PIL import Image
from yolo import YOLO
yolo = YOLO()
#-------------------------------------------#
#   调用摄像头
#   capture=cv2.VideoCapture("1.mp4")
#-------------------------------------------#
capture=cv2.VideoCapture(1)
# capture = cv2.VideoCapture("rtsp://admin:huoju123@172.19.29.108:554/")
fps = 0.0
i=0
dizi="C:/Users/98263/Desktop/display/"
while(True):
    t1 = time.time()
    # 读取某一帧
    ref,frame=capture.read()
    # 格式转变，BGR 图像转为 RGB 图像
    frame = cv2.cvtColor(frame,cv2.COLOR_BGR2RGB)
    # 转变成 Image
    frame = Image.fromarray(np.uint8(frame))
    # 进行检测
    frame = np.array(yolo.detect_image(frame))
    # RGB 图像转为 BGR 图像，以满足 OpenCV 显示格式
    frame = cv2.cvtColor(frame,cv2.COLOR_RGB2BGR)
    fps = ( fps + (1./(time.time()-t1)) ) / 2
    print("fps= %.2f"%(fps))
    frame = cv2.putText(frame, "fps= %.2f"%(fps), (0, 40), cv2.FONT_
HERSHEY_SIMPLEX, 1, (0, 255, 0), 2)
    cv2.imwrite(dizi + str(i) + '.jpg', frame)
    i = i + 1
    cv2.imshow("video",frame)
    c= cv2.waitKey(1) & 0xff
    if c==27:
```

```
        capture.release()
        break
```

10.3.4　远程监控实施

本实例中远程监控的实施主要分为两部分：一部分是由边缘处理系统组成的客户端，另一部分是由包含 GUI 的 PC 组成的服务器端。下面将详细阐述这两部分程序的执行过程。

客户端负责采集图像，即通过 OpenCV 接收摄像头采集到的视频流，将其中一帧图像传入检测函数并返回检测结果。检测结果包括标定好的图像，检测到的结果类型。通过发送数据函数发送检测结果。为了使接收端的监测效果更好，将未进行监测处理的原始图像一起传输到接收端显示。通过 socket 函数建立连接，对检测处理后的图像及原始图像进行二进制解码，使用 len 函数测量原始图像的数据长度，先后将原始图像的数据长度及原始图像解码后的二进制数据发送给服务器端。服务器端开始接收，在达到原始图像的数据长度时认定此次数据发送完成。同理发送检测后的图像、各目标类型的检测结果和烟雾浓度值，当这些数据都发送完一次后，客户端读取服务器端反馈的接收数据的返回值长度，当返回值长度与发送出去的数据长度一致时，认为一次数据发送完成，并准备进行下一次数据发送，循环上述过程。客户端程序执行流程如图 10-21 所示。

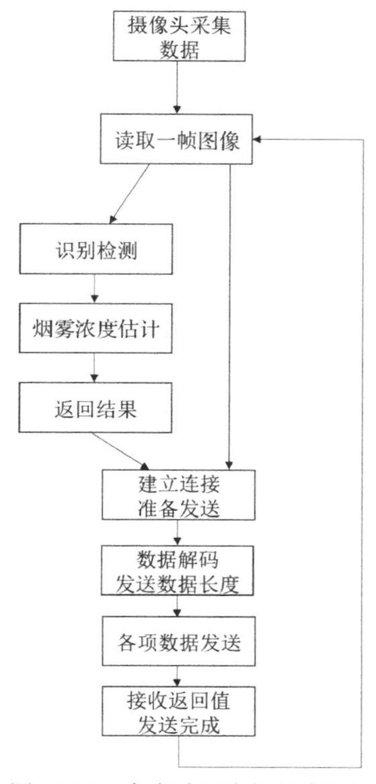

图 10-21　客户端程序执行流程图

服务器端负责显示接收的数据，并判断是否检测到火焰及烟雾，如果检测到有火焰或烟雾，就立马亮起报警指示灯，以警示观察人员。GUI 显示界面（未开始状态）如图 10-22 所示。服务器端先逐项接收客户端发送的数据，然后将数据传输到 GUI 的刷新区域，每隔 0.1s 刷新一次界面，实时显示接收到的数据，并根据检测结果中是否有火焰或烟雾，来改变状态显示区域的颜色及提示信息。服务器端程序执行具体流程如图 10-23 所示。

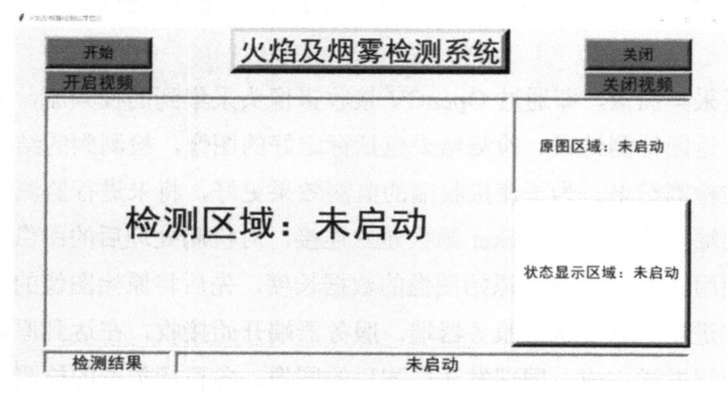

图 10-22　GUI 显示界面（未开始状态）

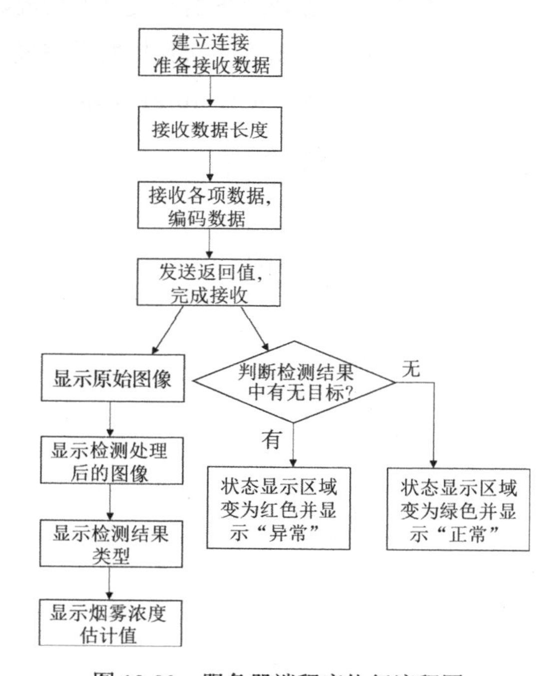

图 10-23　服务器端程序执行流程图

10.4 实验结果及总结

本实例使用的数据集共有 20000 张图像，从中随机选取 10%用来进行性能测试，根据

分类精确度、预测框与真实框的重合度、是否找到图像中的所有目标、精确率-召回率、mAP 几个指标对火焰及烟雾检测模型进行性能评估。各类目标标定总真值个数如图 10-24 所示。

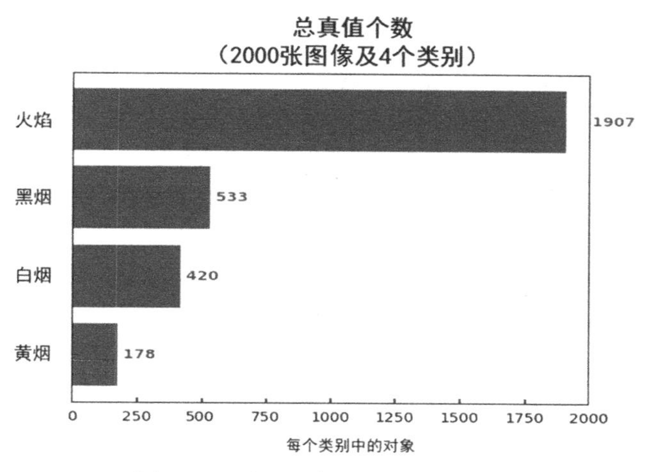

图 10-24　各类目标标定总真值个数

平均精度（Average-Precision，AP）是精确率-召回率曲线下的面积。通常来说分类器性能越好，平均精度值越高。mAP（mean AP）是各类平均精度的均值，mean 表示对每类平均精度再求平均。mAP 的取值范围为[0,1]，该值越大越好。mAP 是目标检测算法中的一个重要指标。本实例模型结果的最终 mAP 如图 10-25 所示。

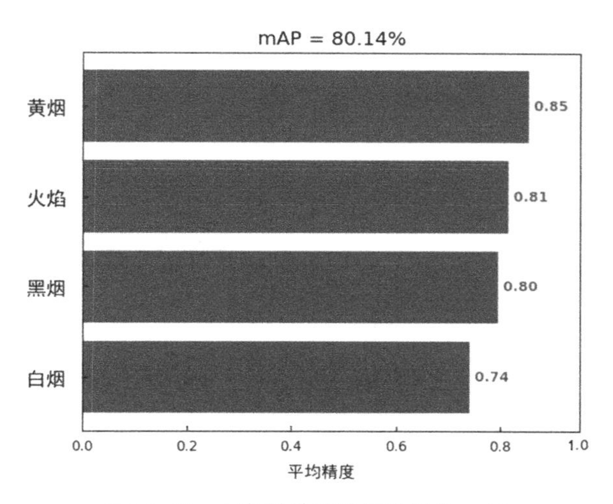

图 10-25　本实例模型结果的最终 mAP

由图 10-25 可知，本实例火焰及烟雾检测模型对于黄烟、火焰、黑烟、白烟的检测结果的 mAP 均比较高，说明该模型可以有效地检测出图像中的火焰及烟雾，实际检测效果如图 10-26 所示。

图 10-26　火焰及烟雾检测模型实际检测效果

图 10-26 中蓝色框为真值框，其他颜色的框为预测框（本书黑白印刷，无法显示颜色）。从图 10-26 中可以明显看出火焰及烟雾检测模型能有效地预测出火焰及烟雾的位置。由于无法在实验室中创造真实火灾场景条件，为了展示远程监控的显示效果，采取如下措施：用计算机屏幕播放火灾视频，以代替摄像头在真实环境中的数据采集，用摄像头采集计算机播放的视频，火焰及烟雾检测模型远程监控效果如图 10-27 和图 10-28 所示。

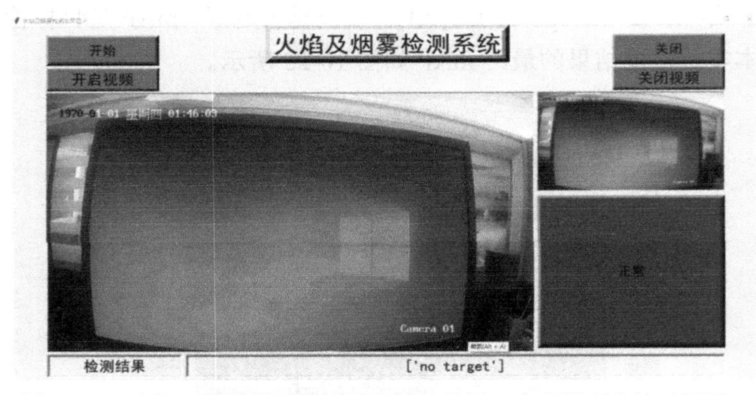

图 10-27　火焰及烟雾检测模型远程监控效果（未监测到火焰及烟雾）

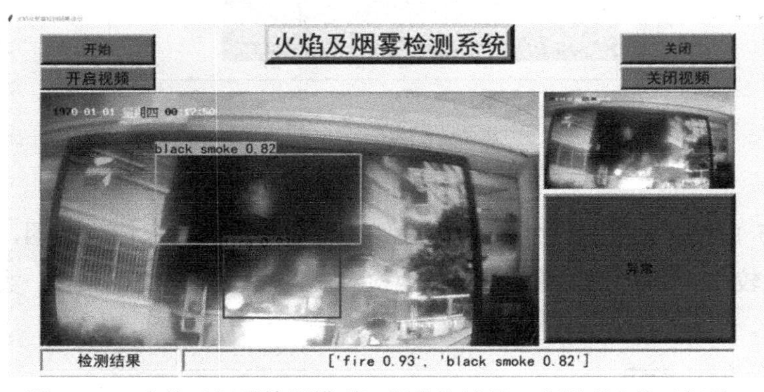

图 10-28　火焰及烟雾检测模型远程监控效果（监测到火焰及烟雾）

本实例在飞腾教育开发板的基础上设计了一套基于物联网实现远程监控的火灾监测系统，基于飞腾教育开发板的硬件处理系统实现了图像采集与分析，并将监控处理结果发送到多个远程接收端，在 PC 上安装远程监控系统软件即可显示监控画面及检测结果，具有很强的实用性。检测结果包含多种目标，主要有火焰、白色烟雾、黑色烟雾、黄色烟雾及三种烟雾的浓度。及时确定烟雾特征和烟雾浓度，有利于对起火点、起火原因及燃烧物质进行初步分析与判断。

通过对本实例进行复现及学习，可以有效地学习并熟悉 Linux、嵌入式开发环境、神经网络深度学习模型等技术。同时证明了飞腾教育开发板具有强大的多功能处理能力，且运行稳定性、整体运行效率，不仅可以用于本实例实践，还可以用于在传感器控制、工业控制及自动化、物联网终端、图像采集显示、车载电控单元、人工智能等领域进行软硬件开发，适用于工业控制、工业通信、工业人机交互、工业数据采集与处理等工业应用领域。

垃圾分类项目

11.1 项目目标

垃圾分类项目的主要目标有以下四个方面。

（1）熟悉并练习数据预处理的具体操作流程。深度学习模型须用大量可靠数据来进行训练，以获得良好的性能。事实上，大量的数据无法直接输入深度学习模型进行训练，原因是不同种类的数据中会掺杂无用或可能影响数据质量的内容，数据须先被预处理为深度学习模型可用的格式。

（2）搭建 ResNet 模型，熟悉 ResNet 结构与原理，练习 ResNet 模型在 Windows 和 Linux 系统中的搭建，旨在利用飞腾教育开发板的强大运算处理性能运行深度学习模型。

（3）学习制作数据集、图像标记。对于有关图像识别、检测、分类的深度学习模型需要使用含有大量图像的数据集进行训练，数据集须有包含识别目标的图像。对图像中的目标物进行标记，以训练模型对目标物的识别性能。

（4）分析模型，并尝试调试不同学习率等超参数，以了解其对模型预测结果的影响。熟悉深度学习模型的调参过程。通过对模型输出结果进行分析，了解当前参数对模型的影响，调整参数，以使模型获得更高的精确度。

11.2 项目方案

11.2.1 项目所需设备

1．硬件设备

硬件设备如下。

（1）飞腾教育开发板 JN-D2000EVM。

- CPU：飞腾腾锐 D2000，2.3GHz。

- 内存：8GB DDR4。

（2）通用 PC 一台。

- 品牌：联想。
- 型号：LEGION R7000P。
- CPU：AMD Ryzen 7 5800H。
- 系统：Windows 10。
- RAM：16.0 GB。
- 显卡：NVIDIA 3060 Ti。

（3）GESOBYTE C120 USB 接口摄像头一部。

- 传感器：CMOS。
- 分辨率：640dpi×480dpi。
- 驱动：免驱。

2. 软件设备

- 操作系统：Ubuntu 18.04。
- Linux 内核：4.19.115。
- 视觉运算：OpenCV 3.4.13。
- 人工智能推理引擎：OpenCV DNN 推理。
- 编译工具链：gcc/g++ 8.3。
- Python：2.7/3.5/3.7/3.8。
- 传输工具软件：Xftp 7。

11.2.2 数据集预处理

现实世界中的数据通常是不完整、不一致、极易受到噪声侵扰的。数据可能存在：数据缺失（缺少目标所需属性值）、数据噪声（错误或异常值）、数据不一致（程序或名称有差异）、数据冗余（数据量或属性数目超出数据分析所需量）、数据集不均衡、离群点/异常值（远离数据集中其余部分的数据）、数据重复等问题。

数据集预处理的主要步骤如下。

1. 数据清洗

数据清洗可以解决数据缺失、离群点/异常值、数据重复的问题。

对于缺失数据的处理方法如下。

（1）直接删除：若缺失数据的记录占比较小，则可以直接将这些数据删除。

（2）手动填补：重新收集数据，或者根据领域知识手动填补数据。

（3）自动填补：可以使用均值填补；也可以添加概率分布，以使数据更加真实；还可以结合实际情况通过公式计算填补。

对离群点/异常值的处理：若数据量很小，则可以使用前后两个数据的均值来修正，也可使用回归插补、分箱等方法进行处理。若离群点/异常值占总体比重较小，则可以直接删除含有异常值的数据。

对重复数据的处理：如果高度疑似的样本是相邻的，那么可以用滑动窗口进行对比。为了让相似记录相邻，可以对每条记录生成一个哈希键（Hash key），根据键（key）值来排序。

2. 数据转换

在数据转换阶段，对数据进行采样、类型转换、归一化处理。

采样是指从特定的概率分布中抽取样本点。采样不仅可以将复杂分布的样本简化为离散的样本点，更重要的作用是，可以处理不均衡数据集。最简单的处理不均衡样本的方法是随机采样，一般分为过采样和欠采样两类。

数据类型可以分为数值型和非数值型。非数值型数据须转换为数值型数据，以便深度学习算法进行后续处理。

数据经过类型转换后，为了消除数据间的量纲影响，须对数据进行归一化处理，使不同指标间具有可比性。常用的归一化方式有线性函数归一化和零均值归一化。

3. 数据描述

数据的一般性描述有 mean、median、mode、variance。其中，mean 是均值；median 是中位数，即取数据排序后在中间位置的值，以避免因极端离群点影响客观评价；mode 是出现频率最高的元件，使用较少；variance 是方差，可以衡量数据集与偏离其均值的程度。

4. 特征选择或特征组合

在做特定分析时为了排除不相关的属性和重复的属性，通常要用特征选择挑选出最相关的属性，以降低问题难度。特征选择的方式主要有熵增益、分支定界等。除此之外，特征选择还有模拟退火、竞技搜索、遗传算法等优化方式。

将一些离散的特征两两组合，以构成高阶特征，可以提高模型的复杂关系的拟合能力。一般情况下，常以基于决策树的方式进行特征组合。

5. 特征抽取

在机器学习中，数据通常须表示成向量的形式。但是对高维向量进行处理和分析时会极大地消耗系统资源，甚至可能产生维度灾难。因此使用低维度的向量表示高纬度向量极为重要，特征抽取和特征降维是使用低维度向量表示高维度向量的有效方法。

特征抽取主要有主成分分析（Principal Component Analysis，PCA）、线性判别分析（Linear Discriminant Analysis，LDA）两种方式。两者的相同之处为，都假设数据服从高斯分布，都使用了矩阵分解的思想。两者的不同之处：PCA 属于无监督学习算法，对降低后的维度无限制，其目标为投影方差最大；LDA 属于有监督学习算法，降维后维度小于类别数，其目标为类内方差最小，类间方差最大。

11.2.3　深度学习模型 ResNet

1. CNN

CNN 是一种带有卷积结构的神经网络，其结构如图 11-1 所示。卷积结构可以减少深层网络占用的内存空间。CNN 的出现是为了解决多层感知器（Multilayer Perceptron，MLP）全连接和梯度发散的问题。CNN 引入了三个核心思想——局部感知（Local Field）、权值共享（Shared Weights）、下采样（Subsampling），极大地提高了计算速度，减少了连接数量。

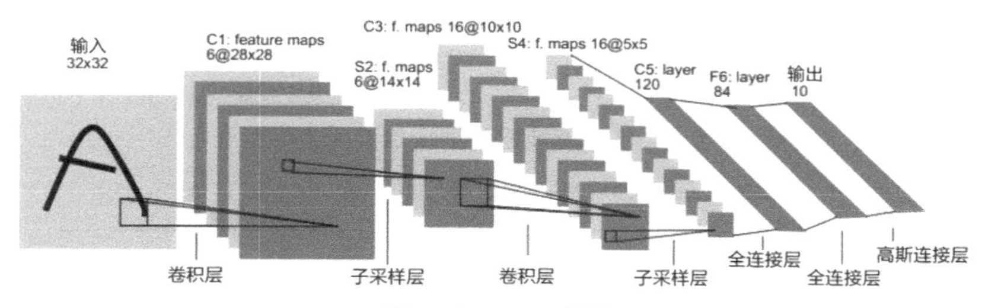

图 11-1　CNN 结构

卷积层是卷积核在上一级输入层上通过逐一滑动计算而得的。卷积核中的每一个参数相当于传统神经网络中的权值参数，与对应的局部像素相连接。将卷积核的各个参数与对应的局部像素值相乘并相加，就可以得到卷积层上的结果。

局部感知就是通过卷积操作将全连接变成局部连接。多层网络能够抽取高阶统计特性，也就是让网络变为局部连接，不能够使网络获得一个不太严格的全局关系。在 CNN 中，每个隐藏层节点只连接到图像某个足够小的局部像素上，这大大减少了需要训练的权值参数。

权值共享：不同图像或同一图像共用一个卷积核，减少重复的卷积核。在同一图像中可能会出现相同的特征，共享卷积核能够进一步减少权值参数。

池化思想：在 CNN 中，可以使用某种“压缩”方法对原始图像进行处理，这就是池化，每次将原始图像卷积后，都通过一个下采样过程来缩小图像的大小。池化的优点是统计特征能够有更低的维度，减少计算量；不容易过拟合；缩小图像的大小，提高计算速度。

2. ResNet

对于传统 CNN 而言，网络模型的深度对网络性能有至关重要的影响。在模型的网络层数增加后，可以进行更加复杂的特征模式的提取。因此在理论上，更深的模型可以取得更好的结果和性能。但是，在网络深度增加时，网络的准确度会出现饱和，甚至下降，深层网络存在梯度消失、梯度爆炸、网络退化等问题，这些问题使得深度学习模型变得难以训练。

深度残差网络（Deep Residual Networks，ResNet）有效地解决了如上问题。ResNet 可以降低深层网络训练的难度，如图 11-2 所示。基于残差结构，网络可以搭建超出 1000 层而不会出现梯度爆炸和梯度消失。对于一个堆积层结构，设输入为 $H(x)$，学习到的特征为 $F(x)=H(x)-x$。现在希望其学习残差 $F(x)+x$，相比直接学习原始特征，学习残差更容易。当残差为 0 时，堆积层仅做了恒等映射，网络性能不会下降。实际上，残差不会为0，因此堆积层在输入特征基础上学习到新的特征，从而拥有更好的性能。残差学习结构如图11-3所示。残差学习可以使得网络获得良好的性能和结果，ResNet的精度随网络层次的加深逐渐提高，如图11-4所示。

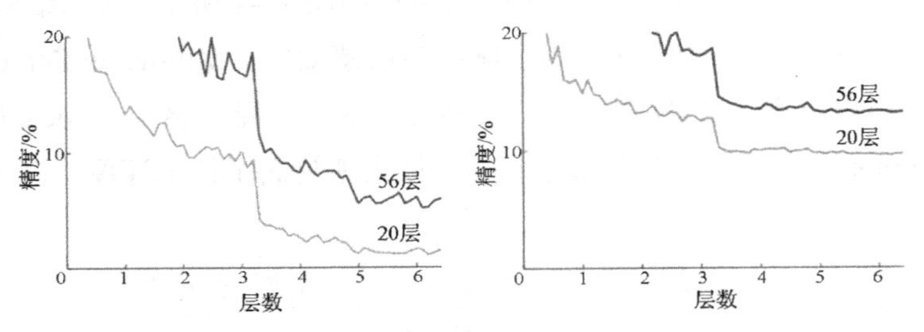

图11-2　精度随网络层次加深而衰减

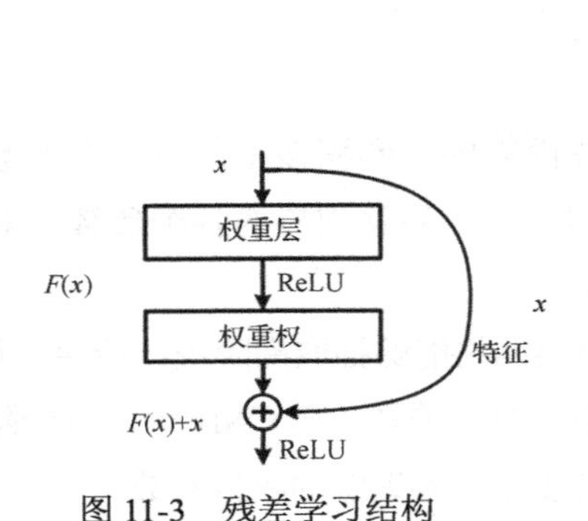

图11-3　残差学习结构

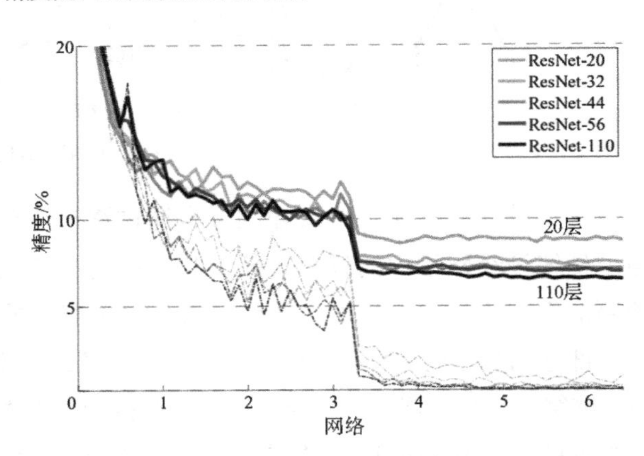

图11-4　ResNet的精度随网络层次加深而提高

残差单元可以表示为

$$y_l = h(x_l) + F(x_l;W_l)$$
$$x_{l+1} = f(y_l)$$

式中，x_l和x_{l+1}分别表示的是第一个残差单元的输入和输出；F是残差函数，表示学习到的残差；$h(x_l)=x_l$表示恒等映射；f是ReLU激活函数。基于如上公式，可以求得从浅层l到深层L的学习特征为

$$x_L = x_l + \sum_{i=1}^{L-1} F(x_i,W_i) \tag{11-1}$$

利用链式规则，可以求得反向过程的梯度为

$$\frac{\partial \text{loss}}{\partial x_l} = \frac{\partial \text{loss}}{\partial x_L} \cdot \frac{\partial x_L}{\partial x_l} = \frac{\partial \text{loss}}{\partial x_L} \cdot \left(1 + \frac{\partial}{\partial x_L}\sum_{i=1}^{L-1} F(x_i,W_i)\right) \tag{11-2}$$

式中，第一个因子$\frac{\partial \text{loss}}{\partial x_L}$表示损失函数到达$L$层的梯度；括号中的1表示短路机制可以无损地传播梯度；另外一项残差梯度需要经过有权重的层，梯度不是直接传递过来的，所以残差学习更容易。

ResNet 的网络结构在 VGG-19 的网络结构的基础上进行了修改，通过短路机制加入了残差单元，如图 11-5 所示。

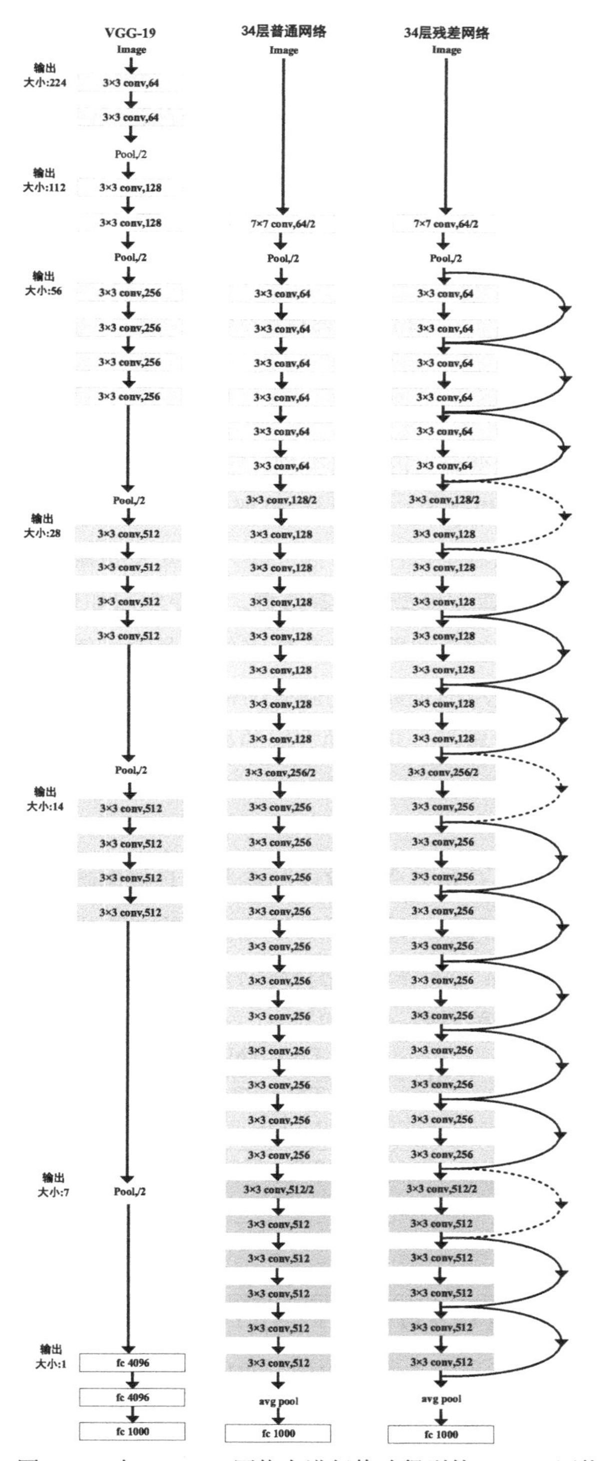

图 11-5 在 VGG-19 网络上进行修改得到的 ResNet 网络

ResNet 中使用了两种残差单元，如图 11-6 所示，左图对应的是浅层网络，右图对应的是深层网络。对于短路机制，当输入和输出维度一致时，可以直接将输入加到输出上；当输入和输出维度不一致时，输入和输出不可以直接相加。

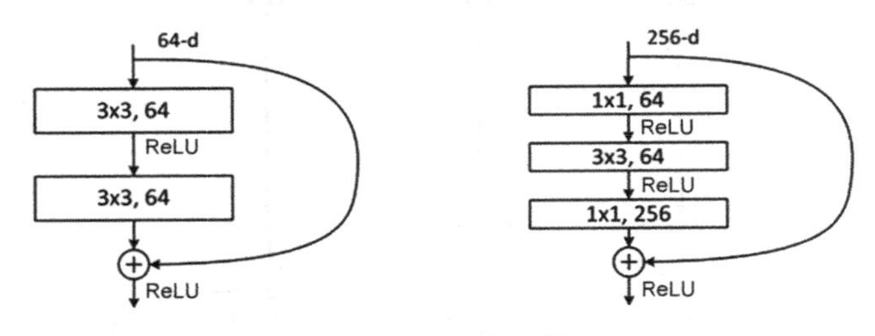

图 11-6　两种残差单元

11.2.4　模型训练

根据目标变量（通常为 Y 变量）的数据类型（定性或定量），建立一个分类模型（如果 Y 是定性的）或回归模型（如果 Y 是定量的）。机器学习算法可以大致分为以下三类。

（1）监督学习：是一种机器学习任务，建立输入变量 X 和输出变量 Y 之间的数学（映射）关系，使 X、Y 构成用于建立模型的标签数据，以便学习如何从输入中预测输出。

（2）无监督学习：是一种综合利用输入变量 X 的机器学习任务，这里的 X 是不带标签的数据，学习算法在建模时使用的是数据的固有结构。

（3）强化学习：是一种决定下一步行动方案的机器学习任务，通过试错学习来实现这一目标，努力使回报最大化。

模型训练相关概念如下。

参数调优：超参数本质上是机器学习算法的参数，直接影响学习过程和模型的预测性能，超参数的设置不可能一蹴而就，因此要进行超参数的调整或模型调整。

模型的分类性能指标：常见的评估模型分类性能的指标包括准确率（AC）、灵敏度（SN）、特异性（SP）、马太相关系数（MCC）。

$$\mathrm{AC}=\frac{\mathrm{TP}+\mathrm{TN}}{\mathrm{TP}+\mathrm{TN}+\mathrm{FP}+\mathrm{FN}} \tag{11-3}$$

$$\mathrm{SN}=\frac{\mathrm{TP}}{\mathrm{TP}+\mathrm{FN}} \tag{11-4}$$

$$\mathrm{SP}=\frac{\mathrm{TN}}{\mathrm{TN}+\mathrm{FP}} \tag{11-5}$$

$$\mathrm{MCC}=\frac{\mathrm{TP}\times\mathrm{TN}-\mathrm{FP}\times\mathrm{FN}}{\sqrt{(\mathrm{TP}+\mathrm{FP})(\mathrm{TP}+\mathrm{FN})(\mathrm{TN}+\mathrm{FP})(\mathrm{TN}+\mathrm{FN})}} \tag{11-6}$$

式中，TP、TN、FP、FN 分别表示真阳性实例、真阴性实例、假阳性实例、假阴性实例。MCC 的取值范围为-1～1，当 MCC 为-1 时，表示最坏的可能预测；当 MCC 为 1 时，表示最好的可能预测；当 MCC 为 0 时，表示随机预测。

模型的回归性能指标：可以通过一个等式总结训练有素的回归模型，即 $Y=f(x)$。其中，Y 为输出变量；X 为输入变量；f 为计算输出值作为输入特征的映射函数。对回归模型的性能进行评估，以评估拟合模型可以准确预测输入数据值的程度。评估回归模型性能的常用指标是确定系数（R^2）：

$$R^2 = 1 - \frac{\mathrm{SS}_{\mathrm{res}}}{\mathrm{SS}_{\mathrm{tot}}} \tag{11-7}$$

从式（11-7）可以看出，R^2 实质上是 1 减去残差平方和（$\mathrm{SS}_{\mathrm{res}}$）与总平方和（$\mathrm{SS}_{\mathrm{tot}}$）的比值，它代表了解释方差的相对度量。

均方误差（MSE）及均方根误差（RMSE）是衡量残差或预测误差的常用指标：

$$\mathrm{MSE} = \frac{1}{n}\sum_{i=1}^{n}(Y_i - \hat{Y}_i)^2 \tag{11-8}$$

$$\mathrm{RMSE} = \sqrt{\frac{1}{N}\sum_{i=1}^{n}(Y_i - \hat{Y}_i)^2} \tag{11-9}$$

11.3 项目内容与具体步骤

11.3.1　数据集预处理及图像标注

本实例须用到一定数量的数据集，因此应通过网络，或者利用其他途径寻找图像并对其进行标注，以帮助模型更好地进行分类学习。

1．检测 Python 环境变量

在 PC 端桌面使用 Win+R 组合键打开 cmd 窗口，在“打开”文本框中输入 python，以查询 PC 端安装的 Python 版本，如图 11-7 所示。

```
(c) Microsoft Corporation. 保留所有权利。

C:\Users\admin>python
Python 3.8.5 (default, Sep  3 2020, 21:29:08) [MSC v.1916 64 bit (AMD64)] :: Anaconda, Inc. on win32

Warning:
This Python interpreter is in a conda environment, but the environment has
not been activated.  Libraries may fail to load.  To activate this environment
please see https://conda.io/activation

Type "help", "copyright", "credits" or "license" for more information.
>>> _
```

图 11-7　查询 PC 端安装的 Python 版本

由图 11-7 可知，PC 端安装的是 Python 3.8.5，说明 PC 端已备有 Python 环境，版本为 3.8.5。

2．安装 Anaconda

至 Anaconda 官方网站下载 Anaconda，按实际情况进行安装。当出现如图 11-8 所示的窗口时，根据 PC 端安装的 Python 情况进行选择：若已安装 Python 环境，则仅勾选第一个复选框；若没有安装 Python 环境，则勾选两个复选框。

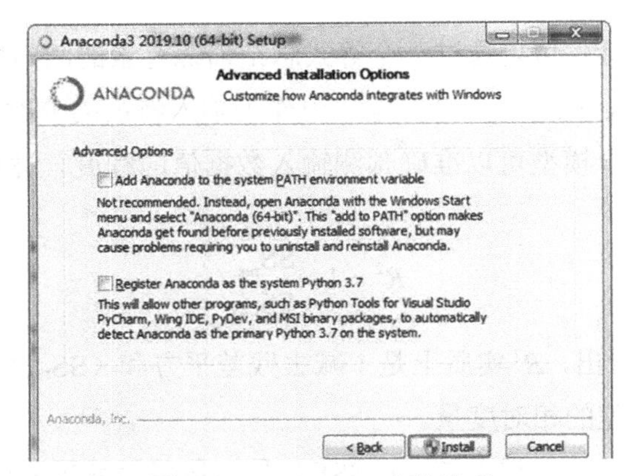

图 11-8　Anaconda 安装选项

3．安装 labelImg

打开 Anaconda Prompt，新建环境：

```
conda create -name=labelImg python=3.7
```

当提示 Proceed([y]/n)?时输入 y，激活环境并安装所需软件：

```
conda activate labelImg
pip install pyqt5
pip install labelImg
```

环境安装完成以后，打开 labelImg，在 Anaconda Prompt 中使用 activate labelImg 指令激活环境，输入 labelImg 即可打开。

4．使用 labelImg

打开 labelImg 后会出现如图 11-19 所示界面，各选项功能已在图 11-9 中标注。

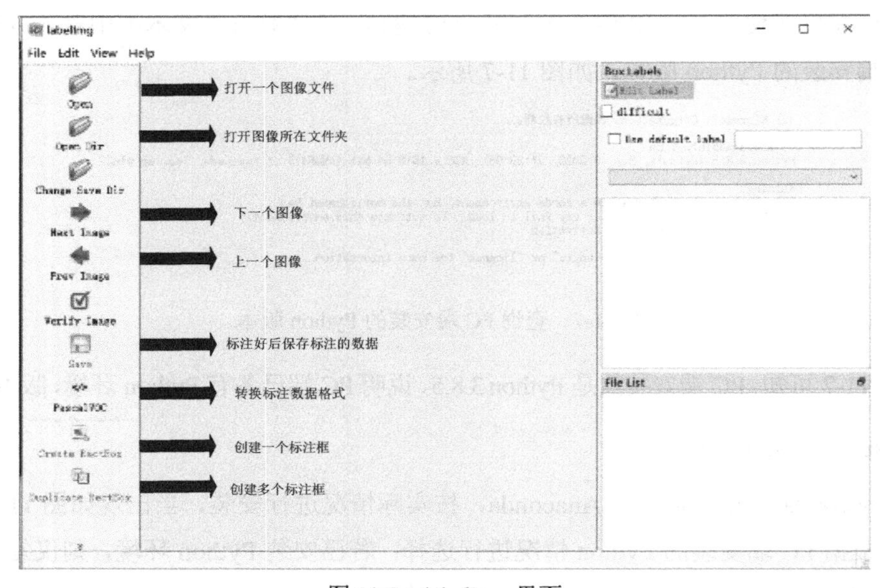

图 11-9　labelImg 界面

单击 open 图标，打开待标注图像所在文件，按 W 键快速调出标注选择框，如图 11-10 所示。

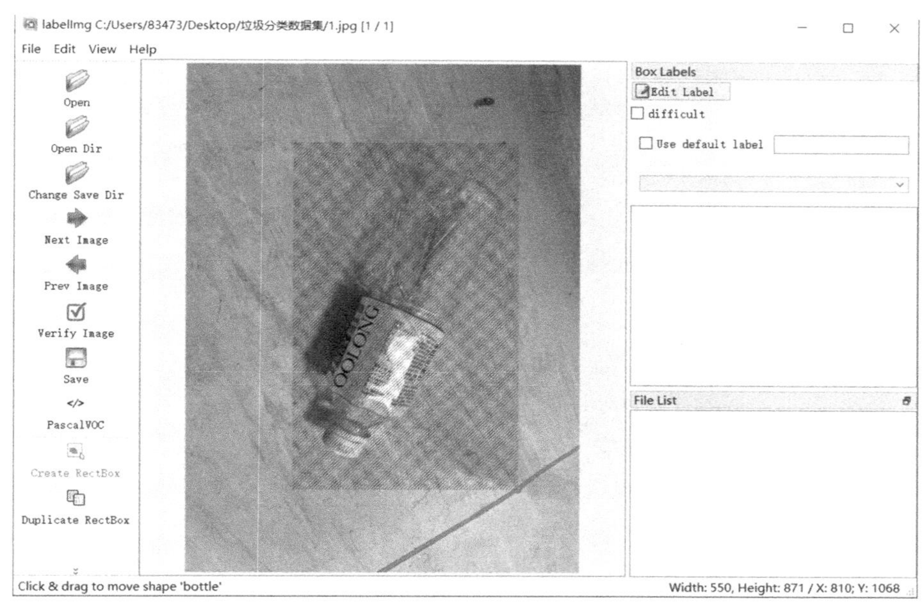

图 11-10　将分类目标框起来

对标注选择框框住的瓶子标注标签，在 labelImg 窗口中输入 bottle，单击 OK 按钮，如图 11-11 所示。

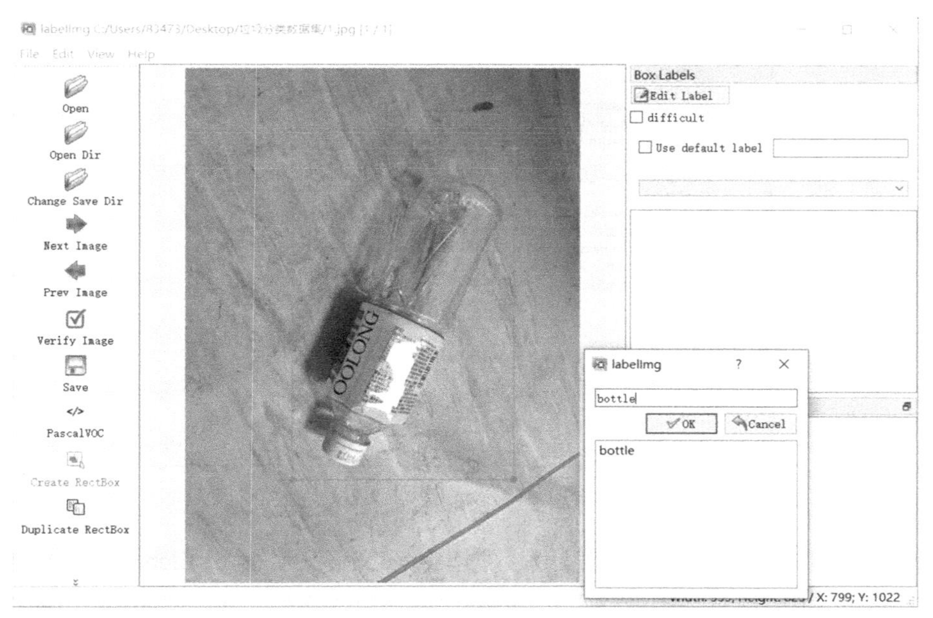

图 11-11　赋予目标标签

当出现如图 11-12 所示状态时，表明标注完成。标注后，在所选文件夹中会自动生成 xml 标注文件，如图 11-13 所示。

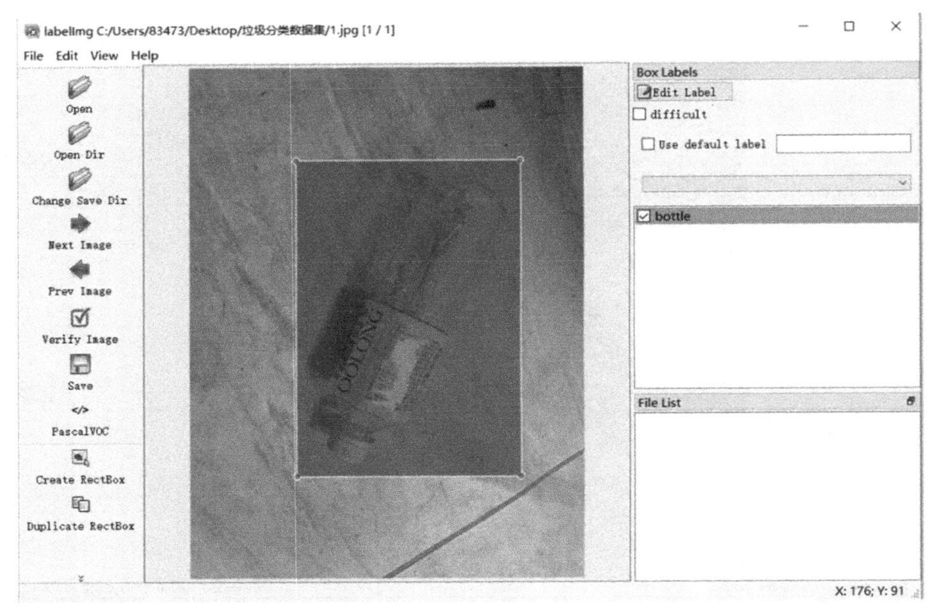

图 11-12　标注完成

```
<annotation>
	<folder>垃圾分类数据集</folder>
	<filename>1.jpg</filename>
	<path>C:\Users\83473\Desktop\垃圾分类数据集\1.jpg</path>
	<source>
		<database>Unknown</database>
	</source>
	<size>
		<width>960</width>
		<height>1280</height>
		<depth>3</depth>
	</size>
	<segmented>0</segmented>
	<object>
		<name>bottle</name>
		<pose>Unspecified</pose>
		<truncated>0</truncated>
		<difficult>0</difficult>
		<bndbox>
			<xmin>297</xmin>
			<ymin>245</ymin>
			<xmax>801</xmax>
			<ymax>1026</ymax>
		</bndbox>
	</object>
</annotation>
```

图 11-13　xml 标注文件

在 xml 文件中，<folder>中的信息为数据集所在文件夹名称，<filename>中的信息为图像名称；<path>中的信息为图像路径；<size>中的信息为图像大小；<object>中的信息为标注信息，其中<name>中的信息为标注名称，<bndbox>中的信息为标注框边界坐标信息。

11.3.2　深度学习模型的搭建、训练及测试

本实例所用垃圾分类图像主要有 4 类：厨余垃圾、可回收垃圾、其他垃圾、有害垃圾。数据集中包含厨余垃圾图像 2053 张，可回收垃圾图像 1762 张，其他垃圾图像 1189 张，有害垃圾图像 1034 张。ResNet 的主程序流程分为三步：①处理图像；②训练模型；③测试模型。本节将对整个模型程序的流程逐步进行介绍。

本实例须引用并搭建的环境的程序如下所示：

```
import pandas as pd
import tensorflow as tf
import numpy as np
import datetime as dt
import cv2
import os
from collections import Counter
from tqdm import tqdm
from tensorflow import keras
from tensorflow.keras.callbacks import ReduceLROnPlateau,EarlyStopping,
ModelCheckpoint,TensorBoard
```

处理图像的流程如图 11-14 所示。

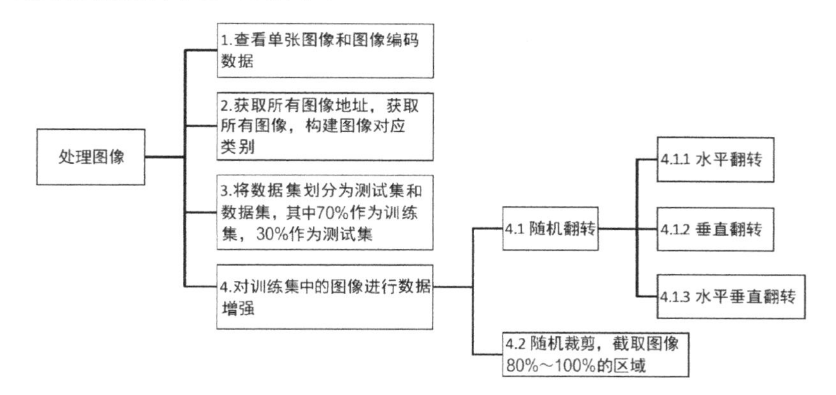

图 11-14　处理图像流程

图像读取和预处理程序如下：

```
## 读取图像，解决 imread 不能读取中文路径的问题
def cv_imread(filePath):
    # 将图片转为 mat 文件
    # imdecode 函数读取的是 RGB 图像，如果后续需要进行 OpenCV 处理，就需要将图像转换
成 BGR 图像，转换后图像的颜色会发生变化
    # cv_img=cv2.cvtColor(cv_img,cv2.COLOR_RGB2BGR)
    cv_img=cv2.imdecode(np.fromfile(filePath,dtype=np.uint8),-1)
    return cv_img
```

```
# 定义图像获取函数
def read_img(img_url_list,num):
    # 设置随机数种子
    random.seed(999)
    imgs = []
    err_img = []
    if num>len(img_url_list):
        print("抱歉，出错了，您设置的采样数量大于图像张数，请调小 img_num！")
 err_img.append(img_url)
            else:
                # skimage.transform.resize(image, output_shape)改变图片的尺寸
                img = cv2.resize(img, (w,h))
                if np.asarray(img).shape == (w,h,3):
                    imgs.append(img)
                else:
                    err_img.append(img_url)
    return imgs
```

以两种方式对图像进行数据增强——随机裁剪、随机翻转，程序如下：

```
# 图像增强，对图像进行随机翻转、随机裁剪
def img_create_cut(imgs,label,cut_min,cut_max,cut_true):
    imgs_out = []
    label_out = []
    w = imgs[0].shape[0]
    h = imgs[0].shape[1]
    for i in tqdm(range(len(imgs))):
        # 添加原始图像
        imgs_out.append(imgs[i])
        label_out.append(label[i])
        if cut_true:
            # 对原始图像进行随机裁剪，执行 1 次
            for f in range(1):
                # 生成随机裁剪数
                rd_num = np.random.uniform(cut_min, cut_max)
                # 生成随机裁剪长、宽
                rd_w = int(w * rd_num)
                rd_h = int(h * rd_num)
                # 进行裁剪
                crop_img = tf.image.random_crop(imgs[i],[rd_w,rd_h,c]).numpy()
                # 重新调整大小
                re_img = cv2.resize(crop_img, (w, h))
                # 添加裁剪图像
                imgs_out.append(re_img)
```

```
            # 添加标签
            label_out.append(label[i])
        # 随机翻转
        for e in range(0,2):
            # 1 表示水平翻转，0 表示垂直翻转，-1 表示水平垂直翻转
            f_img = cv2.flip(imgs[i], e)
            # 添加翻转图像
            imgs_out.append(f_img)

            # 添加标签
            label_out.append(label[i])

    imgs_out,label_out = np.asarray(imgs_out, np.float32), np.asarray
(label_out, np.int32)
    # 打乱顺序
    # 读取 data 矩阵的第一维数（图像的张数）
    num_example = imgs_out.shape[0]
    arr = np.arange(num_example)
    np.random.seed(99)
    np.random.shuffle(arr)
    imgs_out= imgs_out[arr]
    label_out= label_out[arr]
    return imgs_out,label_out
```

对数据进行处理后，进行模型加载及模型训练。

模型训练流程如图 11-15 所示。

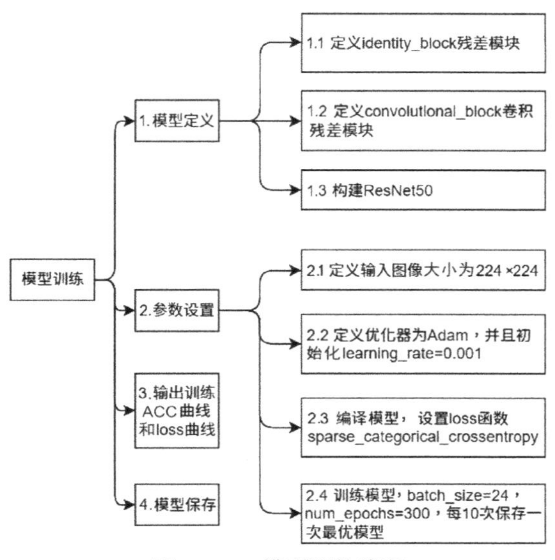

图 11-15　模型训练流程

加载模型结构，进行模型训练，如图 11-16 和图 11-17 所示。

```
In  [5]: from function.ResNet.model import ResNetModel
         Resnetmodel = ResNetModel(input_shape=(w,h,c),classes = class_num)
         ResNet_model = Resnetmodel.ResNet50()
         ResNet_model.summary()

Model: "ResNet50"
________________________________________________________________________________________________
Layer (type)                     Output Shape          Param #     Connected to
================================================================================================
input_1 (InputLayer)             [(None, 224, 224, 3)  0
________________________________________________________________________________________________
zero_padding2d (ZeroPadding2D)   (None, 230, 230, 3)   0           input_1[0][0]
________________________________________________________________________________________________
conv1 (Conv2D)                   (None, 112, 112, 64)  9472        zero_padding2d[0][0]
________________________________________________________________________________________________
bn_conv1 (BatchNormalization)    (None, 112, 112, 64)  256         conv1[0][0]
________________________________________________________________________________________________
activation (Activation)          (None, 112, 112, 64)  0           bn_conv1[0][0]
________________________________________________________________________________________________
max_pooling2d (MaxPooling2D)     (None, 55, 55, 64)    0           activation[0][0]
________________________________________________________________________________________________
res2a_branch2a (Conv2D)          (None, 55, 55, 64)    4160        max_pooling2d[0][0]
________________________________________________________________________________________________
bn2a_branch2a (BatchNormalizati  (None, 55, 55, 64)    256         res2a_branch2a[0][0]
```

图 11-16 加载模型结构

```
In  [6]: # 编译模型来配置学习过程
         ResNet_model.compile(optimizer=optimizer,loss='sparse_categorical_crossentropy',metrics=['accuracy'])
         callbacks = [
         #     ReduceLROnPlateau(verbose=1),
             # 提前结束，解决过拟合
             # EarlyStopping(patience=10, verbose=1),
             # 保存模型
             ModelCheckpoint(checkpoints + 'resnet_train_{epoch}.tf', monitor='accuracy',verbose=0,
                             # 当设置为True时，将只保存在验证集上性能最好的模型
                             save_best_only=True, save_weights_only=True,
                             # CheckPoint之间间隔的epoch
                             period=num_save),
             TensorBoard(log_dir = my_log_dir)
         ]

         # 模型训练
         history = ResNet_model.fit(data,label, epochs = num_epochs,batch_size = batch_size,callbacks=callbacks,validation_split=0.2)

0.7965
Epoch 295/300
10022/10022 [==============================] - 205s 20ms/sample - loss: 0.0161 - accuracy: 0.9960 - val_loss: 1.6001 - val_accuracy:
0.8392
Epoch 296/300
10022/10022 [==============================] - 204s 20ms/sample - loss: 0.0063 - accuracy: 0.9978 - val_loss: 1.9197 - val_accuracy:
0.8336
Epoch 297/300
10022/10022 [==============================] - 205s 20ms/sample - loss: 0.0034 - accuracy: 0.9990 - val_loss: 2.3281 - val_accuracy:
0.7937
Epoch 298/300
10022/10022 [==============================] - 203s 20ms/sample - loss: 0.0076 - accuracy: 0.9976 - val_loss: 1.9642 - val_accuracy:
0.8212
Epoch 299/300
10022/10022 [==============================] - 205s 20ms/sample - loss: 0.0074 - accuracy: 0.9974 - val_loss: 1.9987 - val_accuracy:
0.8404
Epoch 300/300
10022/10022 [==============================] - 204s 20ms/sample - loss: 0.0060 - accuracy: 0.9982 - val_loss: 2.0760 - val_accuracy:
0.8456

In  [11]: # 保存最终模型
          ResNet_model.save_weights(checkpoints +'resnet_train_last.tf')
```

图 11-17 训练模型

模型测试流程如图 11-18 所示。

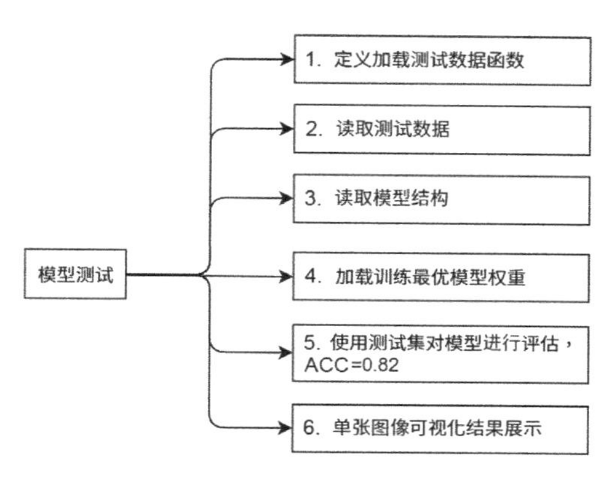

图 11-18　模型测试流程

11.3.3　分类结果显示与分析

模型训练结果如图 11-19 和图 11-20 所示，模型的准确率超过 82%，在 loss 曲线上的表现也较为优秀。模型训练示例程序如下：

```
    w = test_data.shape[1]
    h = test_data.shape[2]
    c = test_data.shape[3]
    # 获取标签数量
    label_counts = len(classes)
    # 加载模型结构
    Resnetmodel = ResNetModel(input_shape=(w,h,c),classes=label_counts)
    ResNet_model = Resnetmodel.ResNet50()
    # 设置学习率
    learning_rate=0.001
    optimizer = keras.optimizers.Adam(learning_rate=learning_rate)
    ResNet_model.compile(optimizer=optimizer,loss='sparse_categorical_crosse
ntropy',metrics=['accuracy'])
    ResNet_model.summary()
```

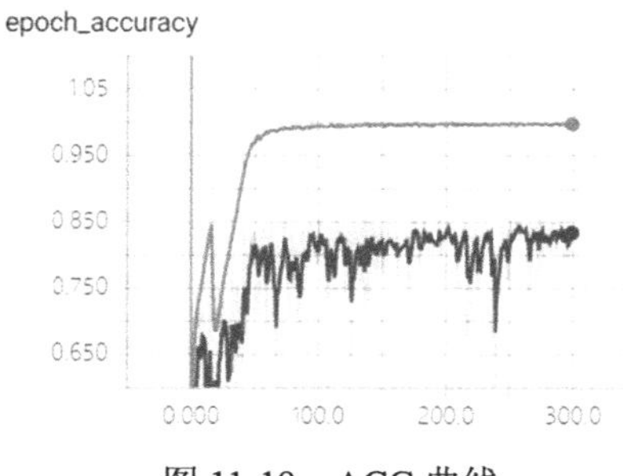

图 11-19　ACC 曲线

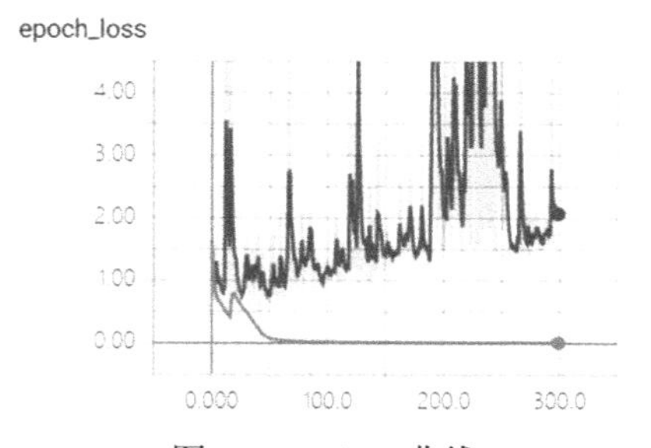

图 11-20　loss 曲线

对模型进行评估，程序如下：

```
    #做出预测
```

```
    y_pred = ResNet_model.predict(test_data)
    #将结果转换为普通数组
    y_pred = [np.argmax(x) for x in y_pred]
    print('------------测试集上得分-------------')
    print('Test accuracy_score: ',accuracy_score(test_label,y_pred))\
    print('\nTest Classification
report:\n',classification_report(test_label,y_pred))
```

模型评估结果如图 11-21 所示。

```
-----------------测试集上得分: -----------------------
Test accuracy_score: 0.8195530726256983

Test Classification report:
              precision    recall  f1-score   support

           0       0.93      0.91      0.92       609
           1       0.80      0.86      0.83       506
           2       0.71      0.67      0.69       363
           3       0.75      0.75      0.75       312

    accuracy                           0.82      1790
   macro avg       0.80      0.80      0.80      1790
weighted avg       0.82      0.82      0.82      1790
```

图 11-21　模型评估结果

标签含义：0 表示厨余垃圾；1 表示可回收垃圾；2 表示其他垃圾；3 表示有害垃圾。

单张图像测试结果示例如图 11-22 所示。

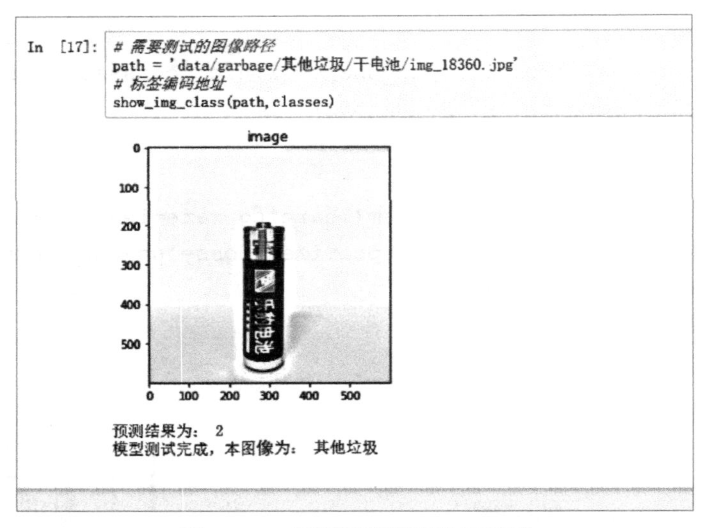
In [17]:
# 需要测试的图像路径
path = 'data/garbage/其他垃圾/干电池/img_18360.jpg'
# 标签编码地址
show_img_class(path, classes)
image
0
100
200
300
400
500
0
100
200
300
400
500
预测结果为： 2
模型测试完成，本图像为： 其他垃圾

图 11-22　单张图像测试结果示例

在搭建、训练模型完毕后，将模型传入开发板，搭建相同环境即可运行。为使开发板可以通过摄像头实时对垃圾进行分类并将结果传至 PC 端，仍须对程序进行改进，并添加相应的传输途径。第 10 章火焰及烟雾检测项目中已经对分类检测结果的传输进行了详细说明，对于本实例，仅须将图像读取部分的程序替换为如下内容：

```
#--------------------------------------#
#   调用摄像头
#   capture=cv2.VideoCapture("1.mp4")
#--------------------------------------#
capture=cv2.VideoCapture(1)
# capture = cv2.VideoCapture("rtsp://admin:huoju123@172.19.29.108:554/")
fps = 0.0
i=0
dizi="C:/Users/98263/Desktop/display/"
while(True):
    t1 = time.time()
    # 读取某一帧
    ref,frame=capture.read()
    # 格式转变，BGR 图像转变为 RGB 图像
    frame = cv2.cvtColor(frame,cv2.COLOR_BGR2RGB)
    # 转变成 Image
    frame = Image.fromarray(np.uint8(frame))
```

11.4 项目总结

基于飞腾教育开发板开发的垃圾分类实例可以有效帮助人们在日常生活中处理垃圾，能够帮助初学者更好地熟悉深度学习模型，练习深度学习模型在嵌入式系统中的构建与使用。

本实例的实时性与准确性依赖于飞腾开发板强大的数据处理能力与传输能力，对于此款高性能开发板，仍有诸多可能性等待读者去探索及尝试。

附录 A

audioplay.c：

```
#include <stdio.h>
#include <stdlib.h>
#include <string.h>
#include <ctype.h>
#include <sys/types.h>
#include <sys/time.h>
#include <unistd.h>

#include <gst/gst.h>

static gboolean
bus_call (GstBus     *bus,
          GstMessage *msg,
          gpointer    data)
{
  GMainLoop *loop = (GMainLoop *) data;

  switch (GST_MESSAGE_TYPE (msg)) {

    case GST_MESSAGE_EOS:
      g_print ("End of stream\n");
      g_main_loop_quit (loop);
      break;

    case GST_MESSAGE_ERROR: {
      gchar  *debug;
      GError *error;

      gst_message_parse_error (msg, &error, &debug);
      g_free (debug);

      g_printerr ("Error: %s\n", error->message);
      g_error_free (error);

      g_main_loop_quit (loop);
```

```
      break;
    }
    default:
      break;
  }

  return TRUE;
}

int
main (int   argc,
      char *argv[])
{
  GMainLoop *loop;

  GstElement *pipeline, *source, *parse, *sink;
  GstBus *bus;
  guint bus_watch_id;//unsigned int

  /* 初始化 */
  gst_init (&argc, &argv);

  loop = g_main_loop_new (NULL, FALSE);


  /* 检查输入参数 */
  if (argc != 2) {
    g_printerr ("Usage: %s <Ogg/Vorbis filename>\n", argv[0]);
    return -1;
  }


  /* 创建gstreamer元件 */
  pipeline = gst_pipeline_new ("audio-player");
  source   = gst_element_factory_make ("filesrc", "file-source");
  parse = gst_element_factory_make("wavparse",    "wav-parse");
  sink = gst_element_factory_make("alsasink",   "alsa-sink");

  if (!pipeline || !source || !parse || !sink) {
    g_printerr ("One element could not be created. Exiting.\n");
    return -1;
  }
```

```
    /* 设置 pipeline */

    /* 将输入文件名设置为源元件 */
    g_object_set (G_OBJECT (source), "location", argv[1], NULL);

    /* 添加一个信息处理程序 */
    bus = gst_pipeline_get_bus (GST_PIPELINE (pipeline));
    bus_watch_id = gst_bus_add_watch (bus, bus_call, loop);
    gst_object_unref (bus);

    /* 将所有元件加入 pipeline */
    gst_bin_add_many (GST_BIN (pipeline),
                      source,  parse, sink, NULL);

    /* 将这些元件联系起来 */
    gst_element_link_many(source, parse, sink, NULL);

    /* 将 pipeline 的状态设置成 playing*/
    g_print ("Now playing: %s\n", argv[1]);
    gst_element_set_state (pipeline, GST_STATE_PLAYING);

    /* 迭代 */
    g_print ("Running...\n");
    g_main_loop_run (loop);

    /* 出主循环 */
    g_print ("Returned, stopping playback\n");
    gst_element_set_state (pipeline, GST_STATE_NULL);

    g_print ("Deleting pipeline\n");
    gst_object_unref (GST_OBJECT (pipeline));
    g_source_remove (bus_watch_id);
    g_main_loop_unref (loop);

    return 0;
}
```

mp4play.c：

```
#include <stdio.h>
#include <stdlib.h>
#include <string.h>
#include <ctype.h>
#include <sys/types.h>
```

```
#include <sys/time.h>
#include <unistd.h>

#include <gst/gst.h>


typedef struct _CustomData {
  GstElement *pipeline;
  GstElement *source;
  GstElement *demuxer;
  GstElement *audioqueue;
  GstElement *videoqueue;
  GstElement *audiodecoder;
  GstElement *videodecoder;
  GstElement *audioconvert;
  GstElement *videoconvert;
  GstElement *audiosink;
  GstElement *videosink;
  GstElement *h264parse;
} CustomData;


static void pad_added_handler (GstElement *src, GstPad*new_pad,
CustomData *data)
{

    gchar *name = gst_pad_get_name(new_pad);
    if(g_str_has_prefix(name, "video"))
    {
      GstPad *video_sinkpad = NULL;
      video_sinkpad = gst_element_get_static_pad ((GstElement *)data->
videoqueue, "sink");
      if (gst_pad_is_linked(video_sinkpad)) {
          g_print("video_sink_pad is linked. please ignoring\n");
           gst_object_unref(video_sinkpad);
          return;
      }
      gst_pad_link(new_pad, video_sinkpad);
      gst_object_unref(video_sinkpad);
    } else if (g_str_has_prefix(name, "audio")) {
        GstPad *audio_sinkpad = NULL;
        audio_sinkpad = gst_element_get_static_pad((GstElement *)data->
audioqueue, "sink");
```

```
        if (gst_pad_is_linked(audio_sinkpad)) {
            g_print("audio_sink_pad is linked. please ignoring\n");
            gst_object_unref(audio_sinkpad);
            return;
        }
        gst_pad_link(new_pad, audio_sinkpad);
        gst_object_unref(audio_sinkpad);
    } else{
        g_print("error !!!\n");
    }
}



static gboolean
bus_call (GstBus     *bus,
          GstMessage *msg,
          gpointer    data)
{
  GMainLoop *loop = (GMainLoop *) data;

  switch (GST_MESSAGE_TYPE (msg)) {

    case GST_MESSAGE_EOS:
      g_print ("End of stream\n");
      g_main_loop_quit (loop);
      break;

    case GST_MESSAGE_ERROR: {
      gchar  *debug;
      GError *error;

      gst_message_parse_error (msg, &error, &debug);
      g_free (debug);

      g_printerr ("Error: %s\n", error->message);
      g_error_free (error);

      g_main_loop_quit (loop);
      break;
    }
    default:
      break;
```

```
    }

    return TRUE;
  }

  int main(int argc, char *argv[])
  {
      CustomData data;
      GMainLoop *loop;
      GstBus *bus;
      guint bus_watch_id;

      /* 初始化 */
      gst_init (&argc, &argv);

      loop = g_main_loop_new (NULL, FALSE);

      /* 检查输入参数 */
      if (argc != 2) {
        g_printerr ("Usage: %s <Ogg/Vorbis filename>\n", argv[0]);
        return -1;
      }

      /* 创建gstreamer元件 */
      data.pipeline = gst_pipeline_new("mp4-player");
      data.source = gst_element_factory_make("filesrc", "file-source");
      data.demuxer = gst_element_factory_make("qtdemux", "qt-demuxer");
      // 创建音频元件
      data.videoqueue = gst_element_factory_make ("queue", "video-queue");
      data.h264parse = gst_element_factory_make("h264parse", "h264-parse0");
      data.videodecoder = gst_element_factory_make("avdec_h264", "h264-
decoder");
      data.videoconvert = gst_element_factory_make ("videoconvert",
"video-converter");
      data.videosink = gst_element_factory_make ("ximagesink", "video-output");

      // 创建视频元件
      data.audioqueue = gst_element_factory_make ("queue", "audio-queue");
      data.audiodecoder = gst_element_factory_make("faad", "au-decoder");
      data.audioconvert = gst_element_factory_make("audioconvert", "au-
converter");
      data.audiosink = gst_element_factory_make("autoaudiosink", "au-
output");
```

```
    if (!data.pipeline || !data.videoqueue ||
        !data.source || !data.demuxer || !data.h264parse ||
        !data.videoqueue || !data.videodecoder ||
        !data.videoconvert || !data.videosink ||
        !data.audioqueue || !data.audiodecoder ||
        !data.audioconvert || !data.audiosink){
      g_printerr ("One element could not be created. Exiting.\n");
        return -1;
    }

    /* 创建pipeline */

    /* 将输入文件名设置为源元件 */
    g_object_set(G_OBJECT(data.source), "location", argv[1], NULL);

    //添加一个信息处理程序
    bus = gst_pipeline_get_bus (GST_PIPELINE (data.pipeline));
    bus_watch_id = gst_bus_add_watch (bus, bus_call, loop);
    gst_object_unref (bus);

    gst_bin_add_many(GST_BIN(data.pipeline),data.videoqueue,data.source,
data.h264parse,
                            data.demuxer,data.videoqueue,data.videodecoder,
                            data.videoconvert,data.videosink,data.audioqueue,
                            data.audiodecoder,data.audioconvert,data.audiosink,
NULL);
    gst_element_link(data.source, data.demuxer);
    gst_element_link_many(data.videoqueue, data.h264parse, data.videodecoder,
                            data.videoconvert, data.videosink, NULL);
    gst_element_link_many(data.audioqueue, data.audiodecoder,
                           data.audioconvert,data.audiosink, NULL);
    g_signal_connect(G_OBJECT(data.demuxer), "pad-added",
G_CALLBACK(pad_added_handler), &data);
    gst_element_set_state(data.pipeline, GST_STATE_PLAYING);
    g_main_loop_run(loop);

    gst_element_set_state(data.pipeline, GST_STATE_NULL);
    gst_object_unref(GST_OBJECT(data.pipeline));
    g_source_remove (bus_watch_id);
    g_main_loop_unref(loop);
```

```
    return 0;
}
```

videoscale.c：

```
#include <stdio.h>
#include <stdlib.h>
#include <string.h>
#include <ctype.h>
#include <sys/types.h>
#include <sys/time.h>
#include <unistd.h>

#include <gst/gst.h>

static gboolean
bus_call (GstBus     *bus,
          GstMessage *msg,
          gpointer    data)
{
  GMainLoop *loop = (GMainLoop *) data;

  switch (GST_MESSAGE_TYPE (msg)) {

    case GST_MESSAGE_EOS:
      g_print ("End of stream\n");
      g_main_loop_quit (loop);
      break;

    case GST_MESSAGE_ERROR: {
      gchar  *debug;
      GError *error;

      gst_message_parse_error (msg, &error, &debug);
      g_free (debug);

      g_printerr ("Error: %s\n", error->message);
      g_error_free (error);

      g_main_loop_quit (loop);
      break;
    }
    default:
      break;
```

```
    }

    return TRUE;
}

int main(int argc, char *argv[])
{
    GMainLoop *loop;
    GstElement *pipeline,*v4l2,*convert,*scale,*sink,*filter0,
*filter1,*que;
    GstBus *bus;
    guint bus_watch_id;
    /* 初始化 */
    gst_init (&argc, &argv);

    loop = g_main_loop_new (NULL, FALSE);

    /* 创建gstreamer元件 */
    pipeline = gst_pipeline_new ("videoscale");
    filter0 = gst_element_factory_make("capsfilter", "caps-filter0");
    filter1 = gst_element_factory_make("capsfilter", "caps-filter1");
    v4l2 = gst_element_factory_make("v4l2src", "v4l2-src");
    convert = gst_element_factory_make("videoconvert", "video-convert");
    scale = gst_element_factory_make("videoscale", "video-scale");
    que = gst_element_factory_make("queue", "queue");
    sink = gst_element_factory_make("ximagesink", "ximage-sink");

    if (!pipeline|| !v4l2 || !convert || !sink || !filter0 || !filter1
|| !que) {
        g_printerr ("One element could not be created. Exiting.\n");
        return -1;
    }

    /* 创建pipeline */

    /* 将输入文件名设置为源元件 */
    g_object_set(G_OBJECT(v4l2), "device", "/dev/video0", NULL);
    GstCaps *caps0 = gst_caps_new_simple("video/x-raw",
            "format", G_TYPE_STRING, "YUY2",
            "width", G_TYPE_INT, 640,
            "height", G_TYPE_INT, 480,
            "framerate", GST_TYPE_FRACTION, 30, 1,
            NULL);
```

```
    g_object_set(G_OBJECT(filter0), "caps", caps0, NULL);
    gst_caps_unref(caps0);

    GstCaps *caps1 = gst_caps_new_simple("video/x-raw",
          "format", G_TYPE_STRING, "BGRx",
          "width", G_TYPE_INT, 1280,
          "height", G_TYPE_INT, 720,
          "framerate", GST_TYPE_FRACTION, 30, 1,
          NULL);
    g_object_set(G_OBJECT(filter1), "caps", caps1, NULL);
    gst_caps_unref(caps1);

    /* 添加一个信息处理程序 */
    bus = gst_pipeline_get_bus (GST_PIPELINE (pipeline));
    bus_watch_id = gst_bus_add_watch (bus, bus_call, loop);
    gst_object_unref (bus);


    gst_bin_add_many(GST_BIN(pipeline), sink, v4l2, filter0, convert,
que, filter1, NULL);
    gst_element_link_many(v4l2, filter0, convert, scale, filter1, que,
sink, NULL);
    gst_element_set_state (pipeline, GST_STATE_NULL);
    g_main_loop_run(loop);

    gst_element_set_state(pipeline, GST_STATE_NULL);
    gst_object_unref(GST_OBJECT(pipeline));
    g_source_remove (bus_watch_id);
    g_main_loop_unref(loop);

    return 0;
}
```

h264enc.c:

```
#include <stdio.h>
#include <stdlib.h>
#include <string.h>
#include <ctype.h>
#include <sys/types.h>
#include <sys/time.h>
#include <unistd.h>

#include <gst/gst.h>
```

```
static gboolean
bus_call (GstBus     *bus,
          GstMessage *msg,
          gpointer    data)
{
  GMainLoop *loop = (GMainLoop *) data;

  switch (GST_MESSAGE_TYPE (msg)) {

    case GST_MESSAGE_EOS:
      g_print ("End of stream\n");
      g_main_loop_quit (loop);
      break;

    case GST_MESSAGE_ERROR: {
      gchar  *debug;
      GError *error;

      gst_message_parse_error (msg, &error, &debug);
      g_free (debug);

      g_printerr ("Error: %s\n", error->message);
      g_error_free (error);

      g_main_loop_quit (loop);
      break;
    }
    default:
      break;
  }

  return TRUE;
}

int main(int argc, char *argv[])
{
   GMainLoop *loop;
   GstElement *pipeline,*src,*filter,*convert,*que,*enc,*sink;
   GstBus *bus;
   guint bus_watch_id;
   /* 初始化 */
   gst_init (&argc, &argv);
```

```
loop = g_main_loop_new (NULL, FALSE);

/* 检查输入参数 */
if (argc != 2) {
  g_printerr ("Usage: %s <Ogg/Vorbis filename>\n", argv[0]);
  return -1;
}

/* 创建gstreamer元件 */
pipeline = gst_pipeline_new ("h264ebc");
src = gst_element_factory_make("v4l2src", "v4l2-src");
filter = gst_element_factory_make("capsfilter", "caps-filter");
convert = gst_element_factory_make("videoconvert", "video-convert");
que = gst_element_factory_make("queue", "queue");
enc = gst_element_factory_make("x264enc", "x264-enc");
sink = gst_element_factory_make("filesink", "file-sink");

if (!pipeline || !src || !filter || !convert || !que || !enc || !sink) {
   g_printerr ("One element could not be created. Exiting.\n");
   return -1;
}

/* 创建pipeline */

/* 将输入文件名设置为源元件 */
g_object_set(G_OBJECT(src), "device", "/dev/video0", NULL);
GstCaps *caps0 = gst_caps_new_simple("video/x-raw",
        "format", G_TYPE_STRING, "YUY2",
        "width", G_TYPE_INT, 640,
        "height", G_TYPE_INT, 480,
        "framerate", GST_TYPE_FRACTION, 30, 1,
        NULL);
g_object_set(G_OBJECT(filter), "caps", caps0, NULL);
gst_caps_unref(caps0);
g_object_set(G_OBJECT(enc), "bitrate", 1000, NULL);
g_object_set(G_OBJECT(sink), "location", argv[1], NULL);

/* 添加一个信息处理程序 */
bus = gst_pipeline_get_bus (GST_PIPELINE (pipeline));
bus_watch_id = gst_bus_add_watch (bus, bus_call, loop);
gst_object_unref (bus);
```

```
    gst_bin_add_many(GST_BIN(pipeline), src, filter, convert, que,
enc,sink, NULL);
    gst_element_link_many(src, filter, convert, que, enc, sink, NULL);
    gst_element_set_state(pipeline, GST_STATE_PLAYING);
    g_main_loop_run(loop);

    gst_element_set_state(pipeline, GST_STATE_NULL);
    gst_object_unref(GST_OBJECT(pipeline));
    g_source_remove (bus_watch_id);
    g_main_loop_unref(loop);

    return 0;
}
```

h264dec.c：

```
#include <stdio.h>
#include <stdlib.h>
#include <string.h>
#include <ctype.h>
#include <sys/types.h>
#include <sys/time.h>
#include <unistd.h>

#include <gst/gst.h>

static gboolean
bus_call (GstBus     *bus,
          GstMessage *msg,
          gpointer    data)
{
  GMainLoop *loop = (GMainLoop *) data;

  switch (GST_MESSAGE_TYPE (msg)) {

    case GST_MESSAGE_EOS:
      g_print ("End of stream\n");
      g_main_loop_quit (loop);
      break;

    case GST_MESSAGE_ERROR: {
      gchar  *debug;
      GError *error;
```

```
      gst_message_parse_error (msg, &error, &debug);
      g_free (debug);

      g_printerr ("Error: %s\n", error->message);
      g_error_free (error);

      g_main_loop_quit (loop);
      break;
    }
    default:
      break;
  }

  return TRUE;
}

int main(int argc, char *argv[])
{
    GMainLoop *loop;
    GstElement *pipeline,*source,*h264,*avdec,*convert,*que,*sink;
    GstBus *bus;
    guint bus_watch_id;

    /* 初始化 */
    gst_init (&argc, &argv);

    loop = g_main_loop_new (NULL, FALSE);

    /* 创建gstreamer元件 */
    pipeline = gst_pipeline_new ("h264dec");
    source   = gst_element_factory_make ("filesrc",     "file-source");
    h264 = gst_element_factory_make("h264parse", "h264-parse");
    avdec = gst_element_factory_make("avdec_h264", "avdec-h264");
    convert = gst_element_factory_make("videoconvert", "video-convert");
    que = gst_element_factory_make("queue", "queue");
    sink = gst_element_factory_make("ximagesink", "ximage-sink");

    if (!pipeline || !source || !h264 || !avdec || !convert || !que || !sink) {
        g_printerr ("One element could not be created. Exiting.\n");
        return -1;
    }
```

```
    /* 创建pipeline */

    /* 将输入文件名设置为源元件 */
    g_object_set (G_OBJECT (source), "location", argv[1], NULL);

    /* 添加一个信息处理程序 */
    bus = gst_pipeline_get_bus (GST_PIPELINE (pipeline));
    bus_watch_id = gst_bus_add_watch (bus, bus_call, loop);
    gst_object_unref (bus);

    gst_bin_add_many(GST_BIN(pipeline), source, h264, avdec, convert,
que, sink, NULL);
    gst_element_link_many(source, h264, avdec, convert, que, sink,
NULL);
    gst_element_set_state(pipeline, GST_STATE_PLAYING);
    g_main_loop_run(loop);

    gst_element_set_state(pipeline, GST_STATE_NULL);
    gst_object_unref(GST_OBJECT(pipeline));
    g_source_remove (bus_watch_id);
    g_main_loop_unref(loop);

    return 0;
}
```

tsplay.c：

```
#include <stdio.h>
#include <stdlib.h>
#include <string.h>
#include <ctype.h>
#include <sys/types.h>
#include <sys/time.h>
#include <unistd.h>

#include <gst/gst.h>


typedef struct _CustomData {
  GstElement *pipeline;
  GstElement *source;
  GstElement *demuxer;
  GstElement *audioqueue;
  GstElement *videoqueue;
```

```
    GstElement *audiodecoder;
    GstElement *videodecoder;
    GstElement *audioconvert;
    GstElement *videoconvert;
    GstElement *audiosink;
    GstElement *videosink;
    GstElement *h264parse;
  } CustomData;


  static void pad_added_handler (GstElement *src, GstPad*new_pad, CustomData
*data)
  {

     gchar *name = gst_pad_get_name(new_pad);
     if(g_str_has_prefix(name, "video"))
     {
      GstPad *video_sinkpad = NULL;
      video_sinkpad = gst_element_get_static_pad ((GstElement *)data->
videoqueue, "sink");
      if (gst_pad_is_linked(video_sinkpad)) {
         g_print("video_sink_pad is linked. please ignoring\n");
          gst_object_unref(video_sinkpad);
         return;
      }
      gst_pad_link(new_pad, video_sinkpad);
      gst_object_unref(video_sinkpad);
     } else if (g_str_has_prefix(name, "audio")) {
        GstPad *audio_sinkpad = NULL;
        audio_sinkpad = gst_element_get_static_pad((GstElement *)data->
audioqueue, "sink");
        if (gst_pad_is_linked(audio_sinkpad)) {
           g_print("audio_sink_pad is linked. please ignoring\n");
           gst_object_unref(audio_sinkpad);
           return;
        }
        gst_pad_link(new_pad, audio_sinkpad);
        gst_object_unref(audio_sinkpad);
     } else{
        g_print("error !!!\n");
     }
  }
```

```
static gboolean
bus_call (GstBus     *bus,
        GstMessage *msg,
        gpointer    data)
{
  GMainLoop *loop = (GMainLoop *) data;

  switch (GST_MESSAGE_TYPE (msg)) {

    case GST_MESSAGE_EOS:
      g_print ("End of stream\n");
      g_main_loop_quit (loop);
      break;

    case GST_MESSAGE_ERROR: {
      gchar  *debug;
      GError *error;

      gst_message_parse_error (msg, &error, &debug);
      g_free (debug);

      g_printerr ("Error: %s\n", error->message);
      g_error_free (error);

      g_main_loop_quit (loop);
      break;
    }
    default:
      break;
  }

  return TRUE;
}

int main(int argc, char *argv[])
{
   CustomData data;
   GMainLoop *loop;
   GstBus *bus;
   guint bus_watch_id;
```

```
    /* 初始化 */
    gst_init (&argc, &argv);

    loop = g_main_loop_new (NULL, FALSE);

    /* 检查输入参数 */
    if (argc != 2) {
      g_printerr ("Usage: %s <Ogg/Vorbis filename>\n", argv[0]);
      return -1;
    }

    /* 创建gstreamer元件 */
    data.pipeline = gst_pipeline_new("tsplaye");
    data.source = gst_element_factory_make("filesrc", "file-source");
    data.demuxer = gst_element_factory_make("tsdemux", "ts-demuxer");
    //创建音频元件
    data.videoqueue = gst_element_factory_make ("queue", "video-queue");
    data.h264parse = gst_element_factory_make("h264parse", "h264-parse0");
    data.videodecoder = gst_element_factory_make("avdec_h264", "h264-
decoder");
    data.videoconvert = gst_element_factory_make ("videoconvert", "video-
converter");
    data.videosink = gst_element_factory_make ("ximagesink", "video-output");

    // 创建视频元件
    data.audioqueue = gst_element_factory_make ("queue", "audio-queue");
    data.audiodecoder = gst_element_factory_make("faad", "au-decoder");
    data.audioconvert = gst_element_factory_make("audioconvert", "au-
converter");
    data.audiosink = gst_element_factory_make("autoaudiosink", "au-output");

    if (!data.pipeline || !data.videoqueue ||
        !data.source || !data.demuxer || !data.h264parse ||
        !data.videoqueue || !data.videodecoder ||
        !data.videoconvert || !data.videosink ||
        !data.audioqueue || !data.audiodecoder ||
        !data.audioconvert || !data.audiosink){
      g_printerr ("One element could not be created. Exiting.\n");
        return -1;
    }

    /* 创建pipeline */
```

```
        /* 将输入文件名设置为源元件 */
        g_object_set(G_OBJECT(data.source), "location", argv[1], NULL);

        //添加一个信息处理程序
        bus = gst_pipeline_get_bus (GST_PIPELINE (data.pipeline));
        bus_watch_id = gst_bus_add_watch (bus, bus_call, loop);
        gst_object_unref (bus);

        gst_bin_add_many(GST_BIN(data.pipeline),data.videoqueue,data.source,
data.h264parse,
                             data.demuxer,data.videoqueue,data.videodecoder,
                             data.videoconvert,data.videosink,data.audioqueue,
                             data.audiodecoder,data.audioconvert,data.audiosink,
NULL);
        gst_element_link(data.source, data.demuxer);
        gst_element_link_many(data.videoqueue, data.h264parse, data.videodecoder,
                             data.videoconvert, data.videosink, NULL);
        gst_element_link_many(data.audioqueue, data.audiodecoder,
                            data.audioconvert,data.audiosink, NULL);
        g_signal_connect(G_OBJECT(data.demuxer), "pad-added", G_CALLBACK
(pad_added_handler), &data);
        gst_element_set_state(data.pipeline, GST_STATE_PLAYING);
        g_main_loop_run(loop);

        gst_element_set_state(data.pipeline, GST_STATE_NULL);
        gst_object_unref(GST_OBJECT(data.pipeline));
        g_source_remove (bus_watch_id);
        g_main_loop_unref(loop);
        return 0;
    }
```

Loopback.c

```
    #include <stdio.h>
    #include <stdlib.h>
    #include <string.h>
    #include <ctype.h>
    #include <sys/types.h>
    #include <sys/time.h>
    #include <unistd.h>

    #include <gst/gst.h>

    static gboolean
```

```
bus_call (GstBus     *bus,
        GstMessage *msg,
        gpointer   data)
{
  GMainLoop *loop = (GMainLoop *) data;

  switch (GST_MESSAGE_TYPE (msg)) {

    case GST_MESSAGE_EOS:
      g_print ("End of stream\n");
      g_main_loop_quit (loop);
      break;

    case GST_MESSAGE_ERROR: {
      gchar  *debug;
      GError *error;

      gst_message_parse_error (msg, &error, &debug);
      g_free (debug);

      g_printerr ("Error: %s\n", error->message);
      g_error_free (error);

      g_main_loop_quit (loop);
      break;
    }
    default:
      break;
  }

  return TRUE;
}

int main(int argc, char *argv[])
{
   GMainLoop *loop;
   GstElement *pipeline,*src,*filter,*convert,*que,*sink;
   GstBus *bus;
   guint bus_watch_id;
   /* 初始化 */
   gst_init (&argc, &argv);

   loop = g_main_loop_new (NULL, FALSE);
```

```
    /* 创建gstreamer元件 */
    pipeline = gst_pipeline_new ("loopback");
    src = gst_element_factory_make("v4l2src", "v4l2-src");
    filter = gst_element_factory_make("capsfilter", "caps-filter");
    convert = gst_element_factory_make("videoconvert", "video-convert");
    que = gst_element_factory_make("queue", "queue");
    sink = gst_element_factory_make("ximagesink", "ximage-sink");

    if (!pipeline || !src || !filter || !convert || !que || !sink) {
        g_printerr ("One element could not be created. Exiting.\n");
        return -1;
    }

    /* 创建pipeline */

    /* 将输入文件名设置为源元件 */
    g_object_set(G_OBJECT(src), "device", "/dev/video0", NULL);
    GstCaps *caps0 = gst_caps_new_simple("video/x-raw",
            "format", G_TYPE_STRING, "YUY2",
            "width", G_TYPE_INT, 640,
            "height", G_TYPE_INT, 480,
            "framerate", GST_TYPE_FRACTION, 30, 1,
            NULL);
    g_object_set(G_OBJECT(filter), "caps", caps0, NULL);
    gst_caps_unref(caps0);

    /* 添加一个信息处理程序 */
    bus = gst_pipeline_get_bus (GST_PIPELINE (pipeline));
    bus_watch_id = gst_bus_add_watch (bus, bus_call, loop);
    gst_object_unref (bus);


    gst_bin_add_many(GST_BIN(pipeline), src, filter, convert, que, sink,
NULL);
    gst_element_link_many(src, filter, convert, que, sink, NULL);
    gst_element_set_state(pipeline, GST_STATE_PLAYING);
    g_main_loop_run(loop);

    gst_element_set_state(pipeline, GST_STATE_NULL);
    gst_object_unref(GST_OBJECT(pipeline));
    g_source_remove (bus_watch_id);
    g_main_loop_unref(loop);

    return 0;
}
```

Makefile：

```
CC = aarch64-linux-gnu-gcc
CXX = aarch64-linux-gnu-g++
EXE0 = loopback
EXE1 = videoscale
EXE2 = h264enc
EXE3 = h264dec
EXE4 = audioplay
EXE5 = mp4pack
EXE6 = mp4play
EXE7 = tspack
EXE8 = tsplay
BUILD_FLAGS = -Wall
BUILD_FLAGS += -Wl,-rpath-link,/lib \
            -Wl,-rpath-link,/usr/lib \
            -Wl,-rpath-link,/usr/lib/aarch64-linux-gnu \
            -I/usr/include \
            -I/usr/include/aarch64-linux-gnu \
            -I/usr/include/gstreamer-1.0 \
            -I/usr/include/glib-2.0 \
            -I/usr/lib/aarch64-linux-gnu/glib-2.0/include
BUILD_FLAGS += -lopencv_core -lopencv_highgui -lopencv_videoio -
lopencv_imgproc -lopencv_imgcodecs -lopencv_video -lopencv_objdetect
BUILD_FLAGS += -lgstreamer-1.0 -lgobject-2.0 -lgmodule-2.0 -lgthread-2.0
-lglib-2.0

all:
    @$(CC) -o $(EXE0) $(EXE0).c $(BUILD_FLAGS)
    @$(CC) -o $(EXE1) $(EXE1).c $(BUILD_FLAGS)
    @$(CC) -o $(EXE2) $(EXE2).c $(BUILD_FLAGS)
    @$(CC) -o $(EXE3) $(EXE3).c $(BUILD_FLAGS)
    @$(CC) -o $(EXE4) $(EXE4).c $(BUILD_FLAGS)
    @$(CC) -o $(EXE5) $(EXE5).c $(BUILD_FLAGS)
    @$(CC) -o $(EXE6) $(EXE6).c $(BUILD_FLAGS)
    @$(CC) -o $(EXE7) $(EXE7).c $(BUILD_FLAGS)
    @$(CC) -o $(EXE8) $(EXE8).c $(BUILD_FLAGS)

clean:
    rm -rf $(EXE0) $(EXE1) $(EXE2) $(EXE3) $(EXE4) $(EXE5) $(EXE6)
$(EXE7) $(EXE8) *.o
```